스마트 건설기술

지능형 다짐 기반
토공사 품질관리 가이드라인

스마트 건설기술

지능형 다짐 기반
토공사 품질관리 가이드라인

(사)한국지반신소재학회 편저

사단
법인 **한국지반신소재학회**
KOREAN GEOSYNTHETICS SOCIETY

씨
아이
알

권두언

　국내외 건설 전문가들의 활발한 교류와 열정적인 노력을 통해 괄목할 만한 산·학·연 성과를 축적하며 건설 분야 전문 학회로서 우뚝 선 저희 (사)한국지반신소재학회는 최근의 세계적인 기술 흐름에 부응하기 위하여 건설 현장의 자동화 실현을 목표로 '스마트 건설 기술'을 활용한 첨단 기술 연구와 개발에 그 역할을 확대하고 있습니다.

　건설 분야에서 토공사는 도로 및 단지 건설의 기초 공정으로써 매우 중요한 역할을 하고 있습니다. 그러나 기존의 다짐 작업은 작업자의 경험과 인력 기반의 현장 시험에 크게 의존해 품질이 균일하지 못하고 비효율적인 경우가 많았습니다. 이러한 문제를 해결하기 위해 개발된 지능형 다짐(Intelligent Compaction, IC) 기술은 건설 현장의 생산성을 획기적으로 향상시키고 품질을 정확하게 관리할 수 있는 첨단 기술입니다. 지능형 다짐 기술은 다짐 롤러에 부착된 고정밀 GPS와 가속도계를 활용해 다짐 품질을 실시간으로 모니터링하고, 과다 또는 과소 다짐을 방지하며 균질한 성토체 조성을 가능하게 합니다. 이를 통해 불필요한 작업 대기시간을 줄여 생산성을 극대화하고, 품질관리의 정확성을 높일 수 있습니다. 특히, 지능형 다짐 기술은 여러 스마트 건설 기술 중 가장 상용화에 근접해 있는 기술로, 이를 적극 활용함으로 인해 건설 현장의 효율성과 안전성을 동시에 확보하는 중요한 전환점을 맞이하게 될 것입니다.

　해외 선진국에서는 이미 지능형 다짐 기술을 다양한 현장에서 적용하고 있으며, 이를 바탕으로 토공사 품질관리 기준이 수립되고 있습니다. 국내에서도 국토교통부의 R&D 프로젝트 진행과 한국건설기술연구원을 중심으로 한 지능형 다짐의 표준시방서 개발 등의 노력이 활발히 진행되고 있으며, 이러한 움직임을 통해 국내 스마트 건설 기술의 경쟁력 향상과 국제적 수준으로의 도약이 기대되고 있습니다.

이러한 배경을 바탕으로, (사)한국지반신소재학회는 지능형 다짐을 활용하고자 하는 건설 분야 실무자들에게 실질적인 도움을 제공하기 위해『지능형 다짐 기반 토공사 품질관리 가이드라인』을 발간하게 되었습니다. 본문에서는 국내외에서 수행된 지능형 다짐 관련 연구와 현장실험 결과를 종합하여 지능형 다짐 기술을 활용한 토공사의 품질관리 절차와 필요한 사항들을 체계적으로 정리하였으며, 이를 통해 보다 효율적이고 안전한 건설 현장을 조성하는 데 도움이 될 수 있도록 작성하였습니다.

본 가이드라인이 지능형 다짐 기반 토공사의 전문성 및 품질 향상을 실현하고, 건설 현장의 생산성 극대화에 기여할 수 있기를 바라며, 모든 실무 관계자들에게 유용한 자료가 되기를 기대합니다.

2024. 12.

(사)한국지반신소재학회 회장

유승경

저자 서문

토공사는 전체 도로 건설공사에서 차지하는 비율이 20~30%에 이를 정도로 매우 중요한 공정이다. 현재의 토공사 품질관리는 인력 기반의 현장시험에 의존하고 있어, 다음과 같은 사항이 품질 및 생산성 저하의 주요 원인으로 지적되고 있다.

① 불연속성: 평판재하시험 및 들밀도시험과 같은 일점시험(spot test) 결과가 전체 현장의 품질을 대표하여, 전체 현장의 품질을 파악하고 관리할 수 없음
② 비실시간성: 다짐공정과 품질관리 공정이 분리되어 있음. 품질관리를 위한 현장시험 수행 시 다짐장비의 작업 대기 시간이 발생해 생산성이 저하됨
③ 아날로그 정보: 현장시험 결과는 작업자에 의해 수기로 야장에 기록되고 이후 사무실에서 문서화됨. 해당 과정 속에서 현상시험 결과의 오기 혹은 소실 등의 우려가 있으며, 불필요한 문서작업을 반복적(이중)으로 수행함에 따라 생산성이 저하됨

해당 문제점을 개선하고자 다짐롤러에 부착된 센서로부터 얻어진 데이터를 분석해 시공 중 토공사 현장의 품질을 실시간-연속적으로 평가하는 지능형 다짐 기술이 주목받고 있다. 지능형 다짐은 1974년 스웨덴 고속도로 관리국에서 다짐롤러의 진동드럼에 가속도계를 부착해 동적 지반반력을 측정하고 이를 지반의 강성과 연관시킨 것으로부터 시작되었다. 이후 기술적 발전을 거듭한 결과, 계측 분야를 선도하는 업체들(Trimble, Leica 등)이 다짐롤러에 장착할 수 있는 애프터마켓(aftermarket) 애드온(add-on) 지능형 다짐 센서 패키지를 출시하였고, 최근에는 건설장비 분야를 선도하는 업체들(Caterpillar, Sakai, Ammann, Bomag 등)이 지능형 다짐 기술이 내장된 다짐롤러를 출시하고 있다.

이에 발맞춰 오스트리아(RVS, 1999), 스웨덴(ROAD, 2004), 국제지반공학회(ISSMGE, 2005), 미국(FHWA, 2014), 일본(MLIT, 2020) 등의 국가 및 단체에서는 지능형 다짐 기술을 통한 토공사 품질관리 기준을 제시하고 있다. 국내의 경우 국토교통 R&D "스마트건설기술개발사업(2020.04.~2025.12.)"에 참여하고 있는 한국건설기술연구원을 중심으로 지능형 다짐을 위한 센서 패키지 및 지능형 다짐공 표준시방서(KCS 10 70 20, 2021)를 개발하는 등 선진 기술을 뒤쫓는 패스트 팔로어(fast follower)의 움직임을 보여주고 있다.

앞서 설명한 바와 같이 지능형 다짐은 많은 기술적 장점과 제도적 뒷받침을 받고 있음에도 불구하고, 미국 미네소타주 TH-64 프로젝트가 지능형 다짐을 적용한 유일한 실규모 토공사 현장일 만큼 관련 기술의 실증 사례가 부족한 실정이다. 이는 아직까지 오랜 기간 토공사 품질관리를 위해 사용되어 온 현장 품질시험을 대체할 만큼의 트랙레코드(track record)가 확보되지 못했고, 지능형 다짐 기술 자체에 대한 전반적인 이해도가 부족하기 때문으로 판단된다. 국내외를 걸쳐 제시되고 있는 지능형 다짐 기술을 통한 토공사 품질관리 기준도 실상을 들여다보면 선언적인 수준에 그치고 있으며, 이를 실제 현장의 품질관리에 적용한 사례는 찾아보기 어렵다. 그럼에도 불구하고, 지난 수십년 간 미국 내 여러 도로국(Department of Transportation, DOT)을 중심으로 많은 현장시험 연구가 수행되어 온바, 이로 인해 지능형 다짐은 여러 스마트 건설기술 중 상용화에 가장 가까이 다가선 기술임이 명백하다.

본 가이드라인은 지난 수십년 간 국외에서 출판되었던 지능형 다짐 관련 연구 보고서 및 논문과 국내에서 2020년 이후 수행되었던 현장시험 연구의 결과를 종합하여 지능형 다짐 기반 토공사 품질관리 절차 및 이에 필요한 제반사항을 정리한 것이다. 특히 3장 지능형 다짐 시공 지침은 지난 2021년 제정된 지능형 다짐공 표준시방서(KCS 10 70 20, 2021)를 기반으로 작성되었으므로, 지능형 다짐을 국내 현장에 적용하고자 하는 실무자에게 KCS 10 70 20에 대한 해설서의 역할을 할 것으로 기대된다. 지능형 다짐 기술은 현재에도 지속적인 개발이 진행되고 있는 기술이므로, 추후 기술 발전에 발맞춰 본 가이드라인도 지속적으로 개정되어야 할 것으로 판단된다.

Contents

권두언 ··· iv

저자 서문 ··· vi

1장 지능형 다짐 일반사항

1.1 개요 ·· 003

2장 지능형 다짐 현황

2.1 지능형 다짐 기술 개발 현황 ····································· 011

2.2 지능형 다짐 관련 기준 ·· 027

3장 지능형 다짐 시공 지침

3.1 총칙 ·· 033

   3.1.1 목적 ··· 033

   3.1.2 적용범위 ·· 036

   3.1.3 관리항목 ·· 037

   3.1.4 용어 ··· 040

3.2 요구사항 ·· 041

   3.2.1 입지 및 지형 조건 ·· 041

   3.2.2 성토재료 ·· 043

   3.2.3 다짐롤러 ·· 045

   3.2.4 지능형 다짐값 측정 시스템(소프트웨어) ··············· 048

3.3 시험시공 ·· 052

   3.3.1 사전확인 사항 ·· 052

   3.3.2 시험시공 절차 ·· 054

   3.3.3 시공관리 기준 결정 ·· 058

   3.3.4 시험시공 결과 보고서 작성 ··································· 063

3.4 본 시공··· 065

　3.4.1 사전확인·· 065

　3.4.2 본 시공 절차··· 066

　3.4.3 다짐도 검사··· 068

　3.4.4 본 시공 결과 보고서 작성·· 071

4장 지능형 다짐 시공 예시

4.1 현장조건 ··· 077

　4.1.1 현장부지 ·· 077

　4.1.2 장비 ·· 078

　4.1.3 성토재료 ·· 080

4.2 시험시공 ··· 081

　4.2.1 사전확인 ··· 081

　4.2.2 시험시공 수행 ·· 085

　4.2.3 시공관리 기준 결정 ··· 088

4.3 본 시공 ·· 091

　4.3.1 사전확인 ··· 091

　4.3.2 본 시공 수행 ·· 094

　4.3.3 다짐도 검사 ··· 096

부록

부록 1 다짐롤러 드럼의 작동 상태 ·· 103

부록 2 지능형 다짐 적용 가능 여부 확인을 위한 체크리스트 ······························ 105

부록 3 고정밀 GNSS 적용 가능 여부 확인을 위한 체크리스트 ··························· 106

참고문헌 ·· 107

CHAPTER 01

지능형 다짐 일반사항

지능형 다짐 일반사항

1.1 개요

토공사는 대지 조성을 위한 기초공사로, 도로 및 단지 건설공사에서 차지하는 비중이 20 ~30%에 이를 정도로 중요한 공정이다. 토공사는 원지반 위에 노상 및 노체를 쌓아 올리는 것으로 노상 및 노체가 일정 크기 이상의 강성과 강도를 확보하여 과도한 침하가 발생하지 않 도록 성토재료를 다지는 공정이 필수적이다. 성토재료의 다짐 작업이 불량한 경우 투수성 증 가, 지반 강도 저하, 지반 침하 발생 등으로 시설물의 유지관리 비용을 크게 증가시킨다.

국내에서 노체와 노상의 다짐은 일반적으로 약 10ton 중량을 가지는 단일 드럼 진동롤러 를 사용하여 수행한다. 다짐 공사 후 성토체에 대한 품질(다짐도) 검사는 기본적으로 현장 밀도시험(KS F 2311: 모래치환법에 의한 흙의 밀도시험 방법)과 평판재하시험(KS F 2313: 도로의 평판재하 시험방법)을 통해 수행하여야 한다(그림 1.1). 현장 여건상 현장밀도시험 또는 평판재하시험에 의한 다짐도 확인이 어려운 경우 다짐도 검사를 위하여 동적콘관입시 험(Dynamic Cone Penetration Test, DCPT) 또는 소형충격재하시험(Light Weight Deflectometer, LWD)을 실시할 수 있도록 하고 있다(KCS 11 20 20, 2023). 이처럼 현재의 다짐품질 관리는 인력 기반의 현장시험에 의존하고 있어, 다음과 같은 사항이 품질 및 생산 성 저하의 주요 원인으로 지적되고 있다.

검사 위치 표시   들밀도시험   평판재하시험

품질관리 야장 기록   야장 기록 문서화

그림 1.1 인력 기반의 현장시험에 의존한 다짐품질 관리 과정

① 불연속성: 평판재하시험 및 들밀도시험과 같은 일점시험(spot test) 결과가 전체 현장의 품질을 대표하여, 전체 현장의 품질을 파악하고 관리할 수 없음

② 비실시간성: 다짐공정과 품질관리 공정이 분리되어 있음. 품질관리를 위한 현장시험 수행 시 다짐장비의 작업 대기 시간이 발생해 생산성이 저하됨

③ 아날로그 정보: 현장시험 결과는 작업자에 의해 수기로 야장에 기록되고 이후 사무실에서 문서화됨. 해당 과정 속에서 현장시험 결과의 오기 혹은 소실 등의 우려가 있으며, 불필요한 문서작업을 반복적(이중)으로 수행함에 따라 생산성이 저하됨

또한, 현재의 다짐 작업은 다짐롤러 작업자의 감각과 경험에 크게 의존하고 있다. 작업자의 경험은 다짐 공정에서 중요한 요소이지만, 숙련도에 따라 다짐 결과물의 품질에 차이가 발생할 가능성이 크다. 실질적으로 현장 작업자가 넓은 토공사 현장에 대하여 전체 다짐품질을 관리하는 것은 현실적으로 불가능하다. 다짐시공 불량으로 인해 과대다짐과 과소다짐 구간이 발생하는 경우 성토구조물의 부등침하 등이 발생할 수 있으며, 도로구조물의 경우에는 지반함몰, 지반침하 발생의 원인이 될 수도 있다. 따라서 현재와 같은 다짐 공정 및 다

짐도 검사 방법으로는 균질한 성토체 조성과 성토체 전체 영역에 대한 품질확보, 정량적 다짐 작업 기록이 불가능하다.

앞서 설명한 문제를 개선하고자 다짐롤러에 부착된 센서(고정밀 GPS, 가속도계)로부터 얻어진 데이터를 분석해 다짐품질을 실시간-연속적으로 평가하는 지능형 다짐(Intelligent Compaction, IC) 기술이 개발되었다(그림 1.2). 지능형 다짐 기술 적용을 통해 토공사의 다짐품질과 관련된 데이터(다짐롤러의 운행속도, 다짐횟수, 드럼의 진폭과 진동수, 지반강성 등)를 획득함으로써 시공 면적 전체를 관리할 수 있으며, 운전자가 다짐롤러에 탑재된 태블릿(tablet) PC에서 품질 현황을 실시간으로 파악함으로써 효율적인 다짐 작업(과다짐과 과소다짐 방지)이 가능하다. 또한 다짐이 완료된 후 수행하는 평판재하시험 및 현장밀도시험을 최소화함으로써 불필요한 다짐롤러 대기시간을 단축시켜 생산성을 극대화할 수 있다. 국내에서도 2000년부터 다짐 롤러의 가속도 응답을 분석하여 다짐층의 거동과 품질을 평가하는 연구 및 검토를 시도하였다(조성민, 정경자, 2000).

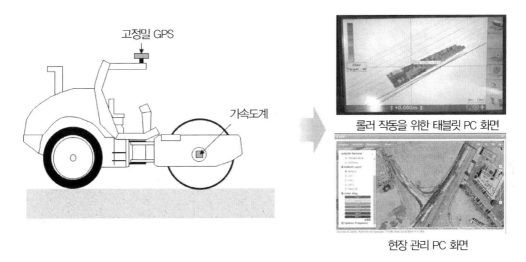

그림 1.2 지능형 다짐 기술 기반 다짐품질 관리 모식도

해외 선진사들(Trimble, Topcon, Leica 등의 센서 제작사와 Caterpillar, Ammann, Dynapac, Sakai 등의 건설장비 제작사)은 고정밀 GPS 및 가속도계로 구성된 센서 패키지(sensor package)를 다짐롤러에 부착해 지능형 다짐을 수행할 수 있는 상용화 솔루션을 제

공하고 있다(표 1.1). 이에 발맞춰 오스트리아(RVS, 1999), 스웨덴(ROAD, 2004), 국제지반공학회(ISSMGE, 2005), 미국(FHWA, 2014), 일본(MLIT, 2020) 등의 국가 및 단체에서는 지능형 다짐 기술을 통한 토공사 품질관리 기준을 제시하고 있다. 국내의 경우 국토교통 R&D "스마트건설기술개발사업(2020.04.~2025.12.)"에 참여하고 있는 한국건설기술연구원을 중심으로 지능형 다짐을 위한 센서 패키지 및 지능형 다짐공 표준시방서(KCS 10 70 20, 2021)를 개발하는 등 선진 기술을 뒤쫓는 패스트 팔로어(fast follower)의 움직임을 보여주고 있다.

표 1.1 해외 선진사에서 개발된 지능형 다짐 시스템의 특성

개발사	지능형 다짐 시스템	지능형 다짐값	측정 데이터	해석 이론
Ammann	ACE-Plus	K_s (MN/m)	Drum acceleration	Spring-dashpot model representing roller-soil interaction
Bomag	BCM05	E_{VIB} (MN/m)	Drum acceleration	SDOF lumped parameter model representing vibratory compactor
Caterpillar	AccuGrade	MDP	Gross power to move the machine and machine acceleration	Principal of rolling resistance
Sakai	DCA	CCV	Drum acceleration	Ratio of selected frequency harmonics for a set time interval
Trimble	CCSFlex	CMV	Drum acceleration	Ratio of selected frequency harmonics for a set time interval

이처럼 지능형 다짐은 많은 기술적 장점과 제도적 뒷받침을 받고 있음에도 불구하고, 미국 미네소타주 TH-64 프로젝트가 지능형 다짐을 적용한 유일한 실규모 토공사 현장일 만큼 관련 기술의 실증 사례가 부족한 실정이다. TH-64 프로젝트도 지능형 다짐의 현장 실증(연구용 지능형 다짐 데이터 확보 등)에 초점을 맞추었을 뿐, 지능형 다짐 기술을 통해 현장 품질시험을 완전히 대체하지는 못하였다. 국내외를 걸쳐 제시되고 있는 지능형 다짐 기술을 통한 토공사 품질관리 기준도 실상을 들여다보면 선언적인 수준에 그치고 있으며, 이를 실제 현장의 토공사 품질관리에 적용한 사례는 전무하다. 이는 아직까지 오랜 기간 토공사

품질관리를 위해 사용되어 온 현장 품질시험을 대체할 만큼의 트랙레코드(track-record)가 확보되지 못했고, 지능형 다짐 기술 자체에 대한 전반적인 이해도가 부족하기 때문인 것으로 판단된다.

본 가이드 라인은 총 4장으로 구성되어 있다. 1장에서는 지능형 다짐 일반사항을 요약하였으며, 2장에서는 지능형 다짐과 관련해 현재까지 간행된 보고서 및 지난 수십 년 동안 해외에서 발표된 논문의 주요 결과를 종합하여 지능형 다짐 기반 토공사의 품질관리 절차와 필요한 사항들을 정리했다. 3장에서는 2021년 제정된 지능형 다짐공 표준시방서(KCS 10 70 20, 2021)의 해설 역할을 할 수 있는 지능형 다짐 시공 지침을 기술하였다. 4장에서는 3장에 따른 지능형 다짐 시공 예시를 제공하여 지능형 다짐 기술을 국내 현장에 적용하고자 하는 실무자에게 도움이 되도록 하였다.

지능형 다짐은 현재도 많은 발전이 이루어지고 있는 기술이므로, 향후 기술적 발전에 발맞춰 본 가이드라인도 지속적으로 개정되어야 할 것이다. 새로운 기술과 장비의 도입으로 인한 변화와 함께, 최신 연구 결과와 현장 적용 사례를 반영하여 가이드라인을 업데이트함으로써 실무자들이 현장에서 효과적으로 활용할 수 있도록 해야 한다.

CHAPTER 02

지능형 다짐 현황

CHAPTER
02

지능형 다짐 현황

2.1 지능형 다짐 기술 개발 현황

'지능형 다짐'이란 다짐롤러에 부착된 센서(GPS 및 가속도계)에서 얻어진 데이터를 실시간으로 해석해 다짐공정을 최적화하는 기술을 의미한다(Anderegg et al., 2006). 다짐롤러에 부착된 센서를 통해 측정된 연속적인 지반 강성인 지능형 다짐값(Intelligent Compaction Measurement Value, ICMV)은 지능형 다짐을 구현하는 데 있어 필수적인 요소이다. 지능형 다짐값은 다짐롤러 작업 중 실시간으로 도출되고 고정밀 GPS의 측위 정보와 매칭(matching)되어 공간상의 연속적인 데이터로 가공된다(그림 2.1).

지능형 다짐값 관련 연구는 1974년 스웨덴 고속도로 관리국(Swedish Highway Administration)의 Thurner 박사가 드럼 축에 가속도계가 부착된 진동롤러를 현장적용하는 것으로부터 시작되었다(Thurner and Sandstrom, 1980). 진동롤러가 작업하는 동안 측정된 가속도를 시간이력에 따라 분석한 결과, 첫 번째 조화성분(first harmonic) 진폭 및 기본 주파수 성분(fundamental frequency) 진폭의 비율과 지반 다짐도의 상관관계를 확인하였다. 이러한 상관성을 바탕으로 지반의 상대적인 다짐도를 나타내는 CMV(Compaction Meter Value)가 식 (1)과 같이 제안되었고, 이후 많은 진동롤러 제조업체(Dynapac, Caterpillar)가 CMV 기반의 지능형 다짐 시스템을 개발했다.

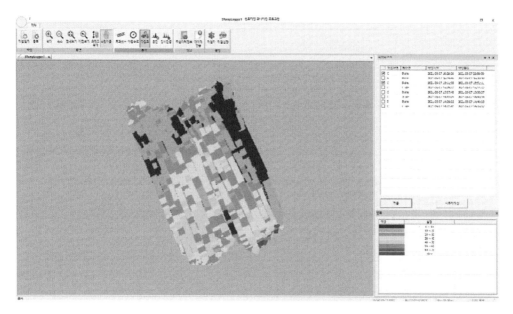

그림 2.1 지능형 다짐값의 공간분포 예시

$$CMV = C \frac{A_1}{A_0} \tag{1}$$

여기서, 상수 C값은 일반적으로 300이 사용되며, A_1과 A_0은 각각 시간이력 가속도의 첫 번째 조화성분의 진폭과 기본 주파수 성분의 진폭을 의미한다(Sandstrom and Pettersson, 2004). CMV는 지반의 강성도를 간접적으로 나타내는 무차원값으로, 토사 종류에 따른 대략적인 범위(자갈은 40~70, 모래는 25~40, 실트는 20~30)가 현장시험 결과를 바탕으로 제시되어 있다(Forssblad, 1980; Adam, 1997). 즉, CMV는 진동롤러의 가진 주파수인 기본 주파수 성분에 해당하는 첫 번째 조화성분의 진폭과 두 번째 조화성분의 진폭의 비율을 통해 산정되는 값이다(그림 2.2). 지반의 강성이 증가함에 따라 지반의 동적 반발력이 커져 두 번째 조화성분의 진폭이 증가하는 경향을 보이므로, CMV 값은 지반의 강성이 증가함에 따라 증가한다.

Sakai사가 사용하는 지능형 다짐값인 CCV(Compaction Control Value)는 드럼 축에 부착된 가속도계로부터 측정된 가속도를 기반으로 한다는 점에서 CMV와 유사하다. CCV는 지반을 반복적으로 다지면서 지반 강성이 증가함에 따라 롤러 드럼이 다양한 주파수 구성

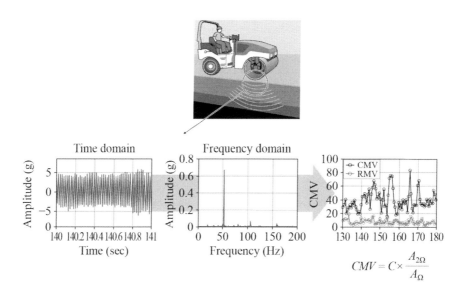

$$CMV = C \times \frac{A_{2\Omega}}{A_{\Omega}}$$

그림 2.2 지능형 다짐값 평가 장치를 통한 대표적인 지능형 다짐값인 CMV 획득 과정

요소에서 진동 가속을 유발하는 '더블 점프' 현상을 통해 산정된다(그림 2.3). CCV는 일차 저조파(first subharmonic)의 가속도와 기본 주파수 성분(fundamental frequency) 가속도, 그리고 고차원 조화성분(higher-order harmonics)의 가속도들로부터 다음 식과 같이 계산된다.

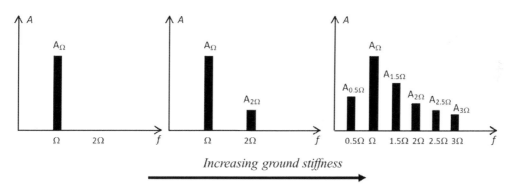

Increasing ground stiffness

그림 2.3 지반 강성 증가에 따른 진폭 스펙트럼의 변화

$$CCV = \left[\frac{A_{0.5} + A_{1.5} + A_2 + A_{2.5} + A_3}{A_{0.5} + A_1} \right] \times 100 \tag{2}$$

CMV와 CCV는 가속도를 기반으로 산정되는 값인 데 반해 Caterpillar사에 의해 개발된 MDP(Machine Drive Power)는 차량-지형 상호작용(vehicle-terrain interaction) 연구에서 비롯된 개념이다. 지반 강성을 표시하기 위해 다짐과 롤링 저항(rolling resistance)을 연계시켜 주는 에너지 기반 측정 시스템이다. MDP는 드럼에 작용하는 응력과 롤러가 운동 저항을 극복하는 데 필요한 에너지를 결정하기 위해 롤링 저항의 개념을 사용한다. 높은 MDP는 지반이 덜 다져졌거나 연약함을, 낮은 MDP는 지반이 잘 다져졌거나 강성이 높음을 의미한다(그림 2.4). 다짐 롤러를 평평한 흙층 위에서 추진하는 데 필요한 순동력(MDP)은 식 (3)과 같이 표현될 수 있다.

$$MDP = P_g - WV\left(\sin\theta + \frac{a}{g}\right) - (mV + b) \tag{3}$$

The wheelbarrow rolls easily on the smooth, stiff concrete. The wheelbarrow sinks into the soil, requiring more effort.

그림 2.4 MDP(Machine Drive Power)의 개념도

여기서, P_g는 다짐롤러를 움직이는 데 필요한 총 동력, W는 다짐롤러의 무게, V는 다짐 롤러의 속도, θ는 경사각, a는 다짐롤러의 가속도, g는 중력 가속도, m과 b는 다짐롤러 내부 손실 계수이다. 식 (3)에서 두 번째, 세 번째 항은 각각 지반 경사, 내부 기계 손실과 관련

되어 있다. MDP는 재료의 특성을 가리키는 상대적인 값으로서, 단단하게 다져진 표면을 기준으로 하며, 단단하게 다져진 표면에서의 $MDP = 0\,kJ/s$ 이다. 따라서 양의 MDP 값은 다짐롤러를 추진하는 데 기준값보다 더 큰 힘이 필요함을 의미하며, 이는 기준 표면보다 다져지지 않은 상태를 나타낸다. 반대로 음의 MDP 값은 다짐롤러를 추진하는 데 기준값보다 더 작은 힘이 필요함을 의미하며, 이는 기준 표면보다 단단하게 다져진 상태를 나타낸다. 측정된 MDP 값은 1에서 150 사이의 범위를 갖도록 다음 식(4), 식(5)를 통해 변환하여 사용된다.

$$MDP_{80} = 108.47 - 0.717\,(MDP \in \mathrm{SI\ units}) \tag{4}$$

$$MDP_{40} = 54.23 - 0.355\,(MDP \in \mathrm{SI\ units}) \tag{5}$$

즉, $MDP_A = 1$은 A가 80일 경우 $MDP = 80,000$ lb-ft/s ($= 108.47$ kJ/s)을, 40일 경우 $MDP = 40,000$ lb-ft/s($=54.23$ kJ/s)을 나타낸다. 사용한 단위에 따라 수식이 달라질 수 있음에 유의하여야 한다. 변환된 값 MDP_A 는 MDP와 달리 지반이 잘 다져질수록 값이 증가한다.

또 다른 지능형 다짐값으로 스위스 Ammann사의 k_S (roller-integrated stiffness)가 있다. 미국 CASE사의 다짐롤러에 탑재되고 있는 k_S 측정 시스템은 1990년대 후반 Ammann에 의해 그림 2.5에 표시된 일괄 매개 변수(lumped parameter) 2-자유도 스프링 대시팟 시스템(two-degree-of-freedom spring dashpot system)을 기반으로 한다(Anderegg 1998). 진동롤러가 지반에 가하는 힘(식(6))과 지반반력(식(7))을 각각 정의하고, 두 힘의 평형방정식을 바탕으로 지반 강성을 평가한다.

$$F_s = m_e r_e \Omega^2 \cos{(\Omega t)} + (m_d + m_f)g - m_d x'' \tag{6}$$

여기서, m_e, m_f 는 각각 드럼 및 프레임의 중량, g는 중력가속도, x 는 드럼의 연직방향 변위, x'' 는 드럼의 연직방향 가속도, $m_e r_e$ 는 드럼 내 편심하중의 회전에 따른 모멘트,

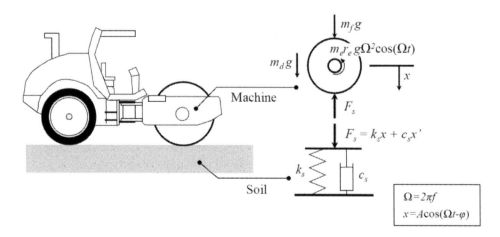

그림 2.5 진동롤러와 지반 거동을 모사한 일괄 매개 변수 2-자유도 스프링 대시팟 시스템(백성하 등, 2020)

$\Omega\,(=2\pi f)$는 드럼의 회전 진동수, t는 시간을 의미한다.

$$F_s = k_s x + c_s x^{'} \tag{7}$$

여기서, k_s는 지반의 강성, c_s는 지반의 댐핑(damping coefficient), $x^{'}$는 드럼의 연직방향 속도를 의미한다. 식 (6)에 포함된 변수 중 진동롤러의 제원(m_e, m_f, $m_e r_e$) 및 작업조건 (Ω, g, t)은 통제가 가능하거나 알고 있는 값(known values)이다. 따라서 지반의 강성 (k_s, c_s)은 드럼의 연직변위 x에 따라 결정되며, 드럼의 연직변위 x는 진동롤러 작업 중 측정된 가속도로부터 식 (8)에 따라 산정할 수 있다(Anderegg et al., 2006).

$$x = A\cos(\Omega t - \varphi) \tag{8}$$

여기서, A는 시간이력 가속도의 최대 진폭, φ는 가진 진동(excitation)과 실제 드럼 진동 사이의 위상지연을 의미한다.

Bomag 사의 지능형 다짐롤러에서 사용하는 지능형 다짐값은 진동계수(vibratory modulus) E_{VIB}이다. E_{VIB} 값은 탄성 반공간 위의 강체 실린더에 대한 1-자유도 일괄 파라미터 모델

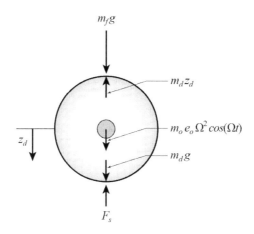

$m_f g$

$m_d z_d$

$m_o e_o \Omega^2 \cos(\Omega t)$

z_d

$m_d g$

F_s

그림 2.6 진동롤러를 모사한 1–자유도 일괄 매개변수 모델

(one-degree-of-freedom lumped pararameter model) 이론(그림 2.6)과 Lundberg의 이론해를 사용하여 계산할 수 있다(Kröber et al., 2001). Kröber et al.(2001)에 의하면, E_{VIB} 값은 평판재하시험으로부터 결정되는 지지력 계수와 연관되어 있다. 자유도에 차이는 있으나, E_{VIB}는 롤러 일체형 강성 k_s와 유사한 이론을 기반으로 하고 있다.

$$z_d = \frac{(1-\eta^2)}{E_{VIB}} \cdot \frac{F_s}{L} \cdot \frac{2}{\pi} \cdot \left(1.8864 + \ln\frac{L}{B}\right) \tag{8}$$

여기서, η는 다짐 재료의 포아송비, L은 드럼의 길이, B는 드럼의 접촉 너비이다.

앞서 설명한 지능형 다짐값들은 다짐롤러 작업 중 실시간–연속적으로 얻어지므로, 이를 통해 성토재료의 다짐품질을 효과적으로 평가할 수 있다. 그러나 CMV, CCV, MDP와 같이 오랫동안 사용되어 온 지능형 다짐값은 지반의 다짐도와 상관성이 높은 지표(index)이며, 물리적인 의미를 가지는 값(예를 들어 지지력 계수와 같이 지반의 강성을 직접적으로 나타내는 값)은 아니다. 지능형 다짐값 중, k_s와 E_{VIB}와 같이 물리적인 의미를 가지는 강성값도 존재하지만, 이들이 지반–롤러 시스템(soil-roller system)을 간단히 모사해 얻은 값들을 고려할 때(드럼의 강체거동 및 지반의 탄성거동 가정 등) 그 신뢰성이 완벽히 검증되었다고 하기 어렵다. 특히 대부분의 지능형 다짐값은 지반의 강성뿐 아니라 지반의 상태(함수비

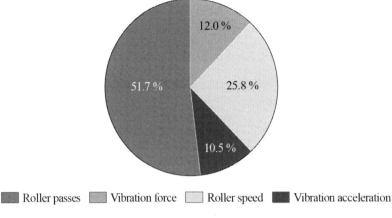

그림 2.7 대표적인 지능형 다짐값인 CMV의 영향요소(Cao et al., 2021)

등), 진동롤러의 치수(드럼 직경 및 무게 등), 작업조건(주파수, 진폭, 속도 등)에 따라 달라지므로(그림 2.7), 모든 성토재료 및 장비 조건에 대해 다짐품질을 담보할 수 있는 절대적인 지능형 다짐값의 기준을 세우는 것은 사실상 불가능하다(Hansbo와 Pramborg, 1980; Cao et al., 2021).

따라서 지능형 다짐값을 기반으로 특정 현장의 다짐품질을 관리하기 위해서는 성토재료의 종류 및 다짐롤러의 운용조건이 공사 기간 내 최대한 일정하게 유지되어야 한다. 또한 각각의 현장(성토재료의 종류 및 다짐롤러의 운용조건이 동일)에 대해 현장 품질시험 결과(지지력 계수, 건조단위중량 등)와 지능형 다짐값이 높은 상관관계를 가져야 한다. 최종적으로는 현장 품질시험과 지능형 다짐값의 상관관계 분석 결과를 바탕으로 다짐관리 기준으로 사용될 '목표 지능형 다짐값'을 결정하고, 이를 바탕으로 토공사의 품질을 관리해야 한다.

이러한 관점에서 지난 수십 년 동안, 유럽과 미국을 중심으로 많은 연구자들은 지능형 다짐값과 현장 품질시험(평판재하시험, Falling Weight Deflectometer(FWD), 동적콘관입시험(DCP), 소형충격재하시험(LWD), clegg hammer, nuclear gauge, 들밀도 시험 등) 결과의 상관관계를 평가해왔다(그림 2.8). 이들은 주로 지능형 다짐값에 영향을 미치는 요소들에 대해 분석했고, 또한 지능형 다짐값과 현장 품질시험 결과의 상관성을 확인함으로써 지능형 다짐값을 다짐 품질지표로 사용할 수 있음을 보이는 데 중점을 두었다. 현재까지 수행된 지능형 다짐 관련 현장시험 연구들의 주요 사항을 요약하면 다음과 같다.

그림 2.8 기존 연구들에서 사용된 현장 품질시험

■ Forssblad(1980)

- Dynapac사의 롤러를 사용해 CMV를 측정하였음

- 성토재료로 fine and coarse rock fill을 사용함

- CMV와 일점 품질시험(평판재하시험, FWD) 결과는 선형 관계가 있음

- CMV 측정값은 원지반의 영향을 받음

- 다짐롤러의 진행 속도가 빨라지면 CMV는 낮은 값을 나타냄

- 세립분이 함유된 흙을 성토재료로 사용하는 경우 함수비를 반드시 고려해야 함

■ Hansbo and Pramborg(1980)

- Dynapac사의 롤러를 사용해 CMV를 측정하였음

- 성토재료로 gravelly sand, silty sand, fine sand를 사용함

- 지반의 다짐도가 증가할수록 CMV, 일점 품질시험(평판재하시험, 동적콘관입시험) 결과가 모두 증가

- 건조단위중량(혹은 상대 다짐도)과 CMV는 상관성이 높지 않음

■ Floss et al.(1983)

- Dynapac사의 롤러를 사용해 CMV를 측정하였음
- 성토재료로 sandy to silty gravel fill을 사용함
- CMV는 다짐롤러의 속도, 진동수, 진폭, 성토재료의 종류, 지반의 구배, 함수비, 원지반의 강도에 영향을 받음
- CMV는 강도를 측정하는 일점 품질시험(평판재하시험, 동적콘관입시험)과 높은 상관성을 보이고, 건조단위중량과의 상관성은 높지 않음

■ Brandl and Adam(1997)

- Bomag사의 롤러를 사용해 CMV를 측정하였음
- 성토재료의 종류는 명확히 기술되어 있지 않음
- 지반의 다짐도에 따라 롤러는 continuous contact, partial uplift, double jump 모드로 구동됨(지반이 단단해질수록 double jump 모드로 들어가며 지반-드럼의 접촉 (contact)이 불안정해짐)
- CMV-평판재하시험 단순 선형회귀식의 결정계수는 partial uplift의 경우 0.9, double jump의 경우 0.6으로 나타남

■ White et al.(2004)

- Caterpillar사의 롤러를 사용해 MDP를 측정하였음
- 성토재료로 lean clay를 사용함
- 20m 길이의 strip에서 측정된 CMV와 일점 품질시험(nuclear gauge, 동적콘관입시험, clegg hammer)의 평균값 간의 상관성을 분석함(즉, 평균값 분석방법 이용)
- MDP-건조단위중량, -DCPI, -CIV 단순 선형회귀식의 결정계수는 각각 0.86, 0.38, 0.46으로 나타남. 또한 함수비를 함께 고려한 다중 회귀모델(MDP-CIV)의 결정계수는 0.9 이상으로 매우 높게 나타남

■ Petersen and Peterson(2006)

- Caterpillar사의 롤러를 사용해 CMV, MDP를 측정하였음

- 성토재료로 fine sand를 사용

- 일점분석(individual point analysis) 시, 지능형 다짐값(CMV, MDP)과 일점 품질시험 (동적콘관입시험, 소형충격재하시험, soil stiffness gauge) 결과는 낮은 상관성을 보임. 지능형 다짐값과 일점 품질시험의 영향 범위가 상이한데, 지반의 강성/강도는 깊이와 위치에 따라 다르기 때문임

■ White et al.(2006)

- Caterpillar사의 롤러를 사용해 MDP를 측정하였음

- 성토재료로 well-graded silty sand를 사용함

- 일점분석(individual point analysis) 시, MDP-건조단위중량,-DCPI 단순 선형회귀식의 결정계수는 각각 0.48, 0.53으로 나타남

- 평균값 분석(average point analysis) 시, MDP-건조단위중량,-DCPI 단순 선형회귀식의 결정계수는 각각 0.89, 0.90으로 매우 높게 나타남

■ White et al.(2007)

- Caterpillar사의 롤러를 사용해 MDP를 측정하였음

- 성토재료로 sandy lean clay를 사용함

- 20m 길이의 strip에서 측정된 CMV와 일점 품질시험(nuclear gauge, 동적콘관입시험)의 평균값 간의 상관성을 분석함(즉, 평균값 분석방법 이용)

- MDP-건조단위중량, -DCPI 단순 선형회귀식의 결정계수는 각각 0.87, 0.96으로 나타남

■ Thompson and White(2008)

- Caterpillar사의 롤러를 사용해 MDP를 측정하였음

- 성토재료로 silt and lean clay를 사용함

- 일점분석 및 평균값 분석을 통해 MDP와 일점 품질시험(nuclear gauge, 동적콘관입시험, clegg hammer, 소형충격재하시험)의 상관성을 파악함
- 일점분석에 비해 평균값 분석이 높은 결정계수를 보임. 또한 함수비를 고려한 다중 회귀모델의 결정계수는 0.8 이상으로 매우 높게 나타남

▣ White et al.(2008)
- Caterpillar사의 롤러를 사용해 CMV를 측정하였음
- 성토재료로 poorly graded sand, well-graded sand를 사용함
- 전체 영역에서 측정된 CMV와 일점 품질시험(nuclear gauge, 동적콘관입시험, 소형충격재하시험)의 평균값 간의 상관성을 분석함(즉, 평균값 분석방법 이용)
- CMV-건조단위중량, -DCPI 단순 선형회귀식의 결정계수는 각각 0.52, 0.79로 나타남. CMV와 소형충격재하시험 결과의 상관성은 매우 낮은 것으로 나타났는데, 이는 다짐영역의 지표면이 매우 느슨했기 때문으로 판단됨

▣ Vennapusa et al.(2009)
- Caterpillar사의 롤러를 사용해 crushed gravel base를 다짐하며 MDP를 측정하였음
- 일점분석 및 평균값 분석을 통해 MDP와 일점 품질시험(동적콘관입시험, 소형충격재하시험)의 상관성을 파악함
- 일점분석(결정계수 0.66~0.85)에 비해 평균값 분석(결정계수 0.74~0.92)이 높은 결정계수를 보임

▣ White et al.(2009)
- Caterpillar사의 롤러를 사용해 CMV, MDP를 측정하였음
- 성토재료로 자갈(granular subbase), 모래(poorly graded sand with silt, silty sand), 점토(lean clay)를 사용함
- 일점 품질시험이 수행된 위치와 가장 가까운 곳에서 측정된 CMV 혹은 MDP를 상관성

분석에 사용함(일점분석)

- 자갈의 경우, CMV와 일점 품질시험(평판재하시험, FWD, soil stiffness gauge, clegg hammer, 소형충격재하시험) 결과로 도출된 단순 선형회귀모델의 결정계수가 0.5 이상으로 높은 편이었음

- 모래의 경우, CMV와 일점 품질시험(평판재하시험, FWD, soil stiffness gauge, clegg hammer, 소형충격재하시험) 결과로 도출된 단순 선형회귀모델의 결정계수가 0.2~0.9로 나타남. 낮은 상관성을 보이는 이유는, 품질시험 간 상이한 영향깊이, 상대적으로 느슨했던 다짐영역의 지표면 상태 등이 그 원인으로 판단됨. 원인을 확인하기 위해서, 지표면으로부터 약 150mm 깊이에서 동적콘관입시험 및 소형충격재하시험을 수행하고 이를 CMV와 비교해보니 높은 상관성을 보였음

- 점토의 경우, MDP- 단순 선형회귀식의 결정계수는 0.6으로 나타남. 또한 다짐롤러의 속도, 방향 등을 함께 다중 회귀모델(MDP-)의 결정계수는 0.9 이상으로 매우 높게 나타남

▣ 한국건설기술연구원(2009)

- Sakai사의 SV500 롤러를 사용해 CMV를 측정하였음

- 성토재료로 통일분류법상 GP이고, 최적함수비(8.57%), 현장함수비(11.1~12.6%)인 화강풍화토를 사용함

- CMV 평가를 위해 평판재하시험, 현장들밀도시험과 더불어 지오게이지(geogauge), 소형충격재하시험(LFWD), 동적콘관입시험(DCP) 수행함

- 다짐횟수 증가에 따라 CMV는 증가하는 양상을 보였으나, 다짐횟수 8회까지는 뚜렷하게 평판재하시험 결과인 EPLT가 증가하는 양상을 보였으나 12회 다짐의 EPLT는 8회 EPLT와 유사한 값을 보임

- 다짐횟수 증가에 따른 현장들밀도시험 결과의 뚜렷한 증가양상을 확인할 수 없었음

- 다짐횟수 증가에 따라 지오게이지 측정 결과인 EG 값도 증가하는 양상을 확인할 수 있었음

- 다짐횟수 증가에 따라 LFWD의 결과인 ELFWD의 증가 양상을 확인할 수 있었으며, CMV의 증가 양상과 가장 유사하게 나타났음.
- 다짐횟수 증가에 따라 DCP의 PR(Penetration Ratio)의 역수가 증가하는 것을 확인할 수 있었으나, CMV 증가 양상과 다소 다른 것으로 확인됨.

■ Mooney et al.(2010)
- Caterpillar사의 롤러를 사용해 CMV, MDP를 측정하였음
- 성토재료로 두 가지 cohesive soil, 11가지 granular soil을 사용함
- 성토재료가 균질하고 원지반의 강성/강도가 균질한 경우, 지능형 다짐값과 일점 품질시험(nuclear gauge, 동적콘관입시험, 소형충격재하시험, FWD, 평판재하시험, clegg hammer, soil stiffness gauge)의 단순 선형회귀모델 상관성이 우수함
- 지능형 다짐값은 강도를 측정하는 일점 품질시험과 높은 상관성을 보이고, 건조단위중량과의 상관성은 높지 않음
- 원지반의 강도를 고려해 다중 회귀분석 시 지능형 다짐값과 일점 품질시험 결과의 상관성이 높음
- 지능형 다짐값과 일점 품질시험 간 상관성이 낮은 원인은 다짐롤러 드럼의 너비를 따라 흙의 물성값과 함수비가 균질하지 않기 때문임. 다짐롤러 드럼의 너비를 따라 측정된 일점 품질시험을 평균하고 이를 지능형 다짐값과 비교/분석하는 경우 보다 높은 상관성을 기대할 수 있음
- 지능형 다짐값을 토공사 품질관리에 적용하기 위해서는 다짐롤러의 구동조건(속도, 진동수, 진폭)을 일정하게 유지해야 함. 다짐롤러가 낮은 진폭으로 운영되는 경우 지능형 다짐값과 일점 품질시험 상관성이 높아짐

■ White et al.(2010a)
- Dynapac사의 롤러를 사용해 granular base와 lime stabilized subgrade를 다짐하며 CMV를 측정하였음

- 다짐롤러의 진폭이 커지면 CMV는 큰 값을 나타냄
- 지능형 다짐값과 일점 품질시험 간 상관성이 낮은 원인은 다짐롤러 드럼의 너비를 따라 흙의 물성값과 함수비가 균질하지 않기 때문임
- CMV와 FWD 결과는 낮은 상관성을 보였고, 평판재하시험, 동적콘관입시험 결과와는 비교적 높은 상관성을 보임

■ White et al.(2010b)
- Caterpillar사의 롤러를 사용해 CMV, MDP를 측정하였음
- 성토재료로 well-graded gravel, poorly graded silty sand를 사용함
- 지능형 다짐값과 일점 품질시험(평판재하시험, nuclear gauge, FWD, 동적콘관입시험, 소형충격재하시험) 결과 사이의 비선형 관계(다항식, 지수식, 로그식)를 확인함
- 지능형 다짐값은 강도를 측정하는 일점 품질시험과 높은 상관성을 보이고, 건조단위중량과의 상관성은 높지 않음
- 지능형 다짐값과 가장 높은 상관성을 보이는 일점 품질시험은 FWD였음

■ Meehan et al.(2017)
- Caterpillar사의 롤러를 사용해 CMV, MDP를 측정하였음
- 성토재료로 granular material을 사용함
- 일점분석에 비해 평균값 분석이 높은 결정계수를 보임. 또한 함수비를 고려해 다중 회귀분석 시 지능형 다짐값과 일점 품질시험 결과의 상관성이 높음

■ Kim et al.(2023)
- Bomag사의 롤러를 사용해 CMV를 측정하였음
- 성토재료로 poorly graded silty sand를 사용함
- 다짐롤러의 속도 및 진행 방향, 다짐 방식(oscillation mode 및 vibration mode)을 바꿔가며 CMV를 측정하고, 이를 바탕으로 다짐롤러의 구동조건이 다짐 효율에 미치는 영향을 평가함

- 다짐롤러의 속도가 커지면 다짐 효율이 낮아지는 현상을 보였고, 다짐롤러의 진행 방향은 다짐 효율에 별다른 영향을 주지 못함. 또한 oscillation mode에 비해 vibration mode의 다짐 효율이 더 우수함

■ Baek et al.(2024a)

- Bomag사의 롤러를 사용해 CMV를 측정하였음
- 성토재료로 poorly graded silty sand, poorly graded sand를 사용함
- 동일한 조건에서 측정된 CMV의 변동계수는 30% 정도로 높았음. 이는 지반의 내재적 불균질성(성토재료의 입도 및 함수비의 국부적인 변화, 원지반의 불균질성 등)에 기인한 것으로 보임
- 일점분석 및 평균값 분석을 통해 CMV와 평판재하시험 결과의 상관성을 파악함. 평판재하시험 결과는 인근 5m에서 측정된 CMV의 평균값과 가장 높은 상관성을 보임

■ Baek et al.(2024b)

- Bomag사의 롤러를 사용해 CMV를 측정하였음
- 성토재료로 poorly graded silty sand, poorly graded sand를 사용함
- 일점분석 및 평균값 분석을 통해 CMV와 일점 품질시험(동적콘관입시험, 소형충격재하시험, 들밀도 시험 결과)의 상관성을 파악함
- 지능형 다짐값은 강도를 측정하는 일점 품질시험과 높은 상관성을 보이고, 건조단위중량과의 상관성은 높지 않음. 특히 동적콘관입시험 및 소형충격재하시험 결과는 각각 인근 2m 및 3m에서 측정된 CMV의 평균값과 가장 높은 상관성을 보임

앞서 설명한 연구들은 각각의 연구가 수행된 현장 조건(성토재료, 다짐롤러, 지능형 다짐값, 현장 품질시험 등)에 따라 다소 상이한 결과를 보이지만, 이들 연구의 결과를 종합하면 다음과 같은 공통적인 결론을 도출할 수 있다.

(1) 지능형 다짐값과 현장 품질시험 결과는 높은 선형상관관계를 나타낸다.

(2) 지능형 다짐값은 강도를 측정하는 현장 품질시험 결과와 높은 상관성을 보이고, 건조 단위중량과의 상관성은 높지 않다.

(3) 평균값 분석이 일점분석(point-by-point analysis)에 비해 지능형 다짐값과 현장 품질시험 결과 간 더 우수한 상관관계를 보여준다.

(4) 지능형 다짐값은 지반 강도뿐만 아니라 다짐롤러의 운행속도, 드럼의 주파수 및 진폭, 드럼-지반 접촉상태와 같은 다짐롤러와 관련된 요소들의 영향을 받는다.

기존 연구들은 지능형 다짐에 관한 귀중한 통찰력을 제공해주고 있으며, 국내외 지능형 다짐 기반 토공사 품질관리 기준들의 기초자료로 활용되고 있다.

2.2 지능형 다짐 관련 기준

1990년대 오스트리아 연방 도로청(RVS,1999)과 스웨덴 (ROAD, 1994)에서 처음 개발된 이래로, 국제지반공학회(ISSMGE, 2005), 미국(FHWA, 2014), 일본(MLIT, 2020), 한국(KCS 10 70 20, 2021) 등의 국가 및 단체에서 지능형 다짐 기반 토공사 품질관리 기준을 제시해 왔다. 대부분의 지능형 다짐 품질관리 기준은 기존에 다짐 품질관리를 위해 사용하던 지지력 계수와 다짐도를 대신해 지능형 다짐값을 품질관리 지표로 사용한다.

대부분의 지능형 다짐값은 성토재료의 종류, 다짐롤러의 운용 조건 등에 영향을 받는 상대적인 지표로 물리적인 의미를 가지는 값(지반의 강성 등)이 아니다. 따라서 지능형 다짐값을 기반으로 특정 현장의 다짐품질을 관리하기 위해서는 성토재료의 종류 및 다짐롤러의 운용조건이 공사 기간 내 최대한 일정하게 유지되어야 한다. 또한 물리적인 의미를 가지는 지지력 계수 등과의 상관관계 분석(선형회귀분석)을 통해 다짐관리 기준으로 사용될 '목표 지능형 다짐값'을 결정하고, 이를 바탕으로 토공사의 품질을 관리해야 한다.

국내외 지능형 다짐 기반 토공사 품질관리 기준들(RVS, 1999; ROAD, 1994; ISSMGE, 2005; FHWA, 2014; MLIT, 2020; KCS 10 70 20, 2021)은 앞서 설명한 지능형 다짐값의 특성을 고려하고 있다. 표 2.1과 그림 2.9는 각 기준에서 제시하고 있는 지능형 다짐값 기반 토

표 2.1 국내외 지능형 다짐 기반 토공사 품질관리 기준 요약

구분	시험시공	본 시공
RVS (1999)	시험시공 영역에서 측정된 지능형 다짐값과 평판재하시험 결과 간 선형회귀식을 구함. 선형회귀식으로부터 품질관리 시방에 제시된 지지력 계수의 95%와 105%에 해당하는 지능형 다짐값을 찾고, 이들을 각각 '최소 지능형 다짐값'과 '목표 지능형 다짐값'으로 결정함	본 시공 구간에서 측정된 지능형 다짐값은 다음 사항을 모두 만족해야 함 a. 측정된 지능형 다짐값의 평균은 '목표 지능형 다짐값'보다 커야 함 b. 측정된 지능형 다짐값의 90% 이상이 최소 지능형 다짐값의 90%보다 커야 함 c. 측정된 지능형 다짐값은 모두 최소 지능형 다짐값의 80%보다 크고 150%보다 작아야 함 d. 측정된 지능형 다짐값의 변동계수가 20%보다 작아야 함
ROAD (1994)	–	본 시공 구간에서 지능형 다짐값이 낮게 나온 구간(즉, 다짐품질이 취약한 구간)에서 평판재하시험을 수행해 지지력 계수를 측정함. 측정된 지지력 계수가 품질관리 시방에 제시된 값을 만족해야 함
ISSMGE (2005)	RVS(1999)와 동일	RVS(1999)와 동일
FHWA (2014)	시험시공 영역에서 측정된 지능형 다짐값과 평판재하시험 결과 간 선형회귀식을 구함. 선형회귀식으로부터 품질관리 시방에 제시된 지지력 계수에 부합하는 지능형 다짐값을 찾고, 이를 '목표 지능형 다짐값'으로 결정함 혹은 다짐횟수 증가에 따른 지능형 다짐값 증가량이 5% 이하일 때를 기준으로 '목표 지능형 다짐값'을 결정함	본 시공 구간에서 측정된 지능형 다짐값의 90% 이상이 '목표 지능형 다짐값'의 90% 이상이 되어야 함
MLIT (2020)	품질관리 시방에 제시된 목표 다짐도를 만족시키는 다짐횟수를 '목표 다짐횟수'로 결정함 목표 다짐도를 기반으로 관리하기 어려운 성토재료의 경우, 다짐 중 표면 침하를 측정하고 다짐횟수와 표면 침하의 상관관계에서 변곡점을 '목표 다짐횟수'로 결정함	'목표 다짐횟수'를 만족하도록 본 시공 구간의 다짐을 실시함(GNSS을 기반으로 자동 측정된 다짐횟수를 기반으로 관리)
KCS 10 70 20 (2021)	시험시공 영역에서 측정된 지능형 다짐값과 평판재하시험 결과 간 선형회귀식을 구함. 선형회귀식으로부터 품질관리 시방에 제시된 지지력 계수에 부합하는 지능형 다짐값을 찾고, 이를 '목표 지능형 다짐값'으로 결정함	본 시공 구간에서 측정된 지능형 다짐값은 다음 사항을 모두 만족해야 함 a. 측정된 지능형 다짐값의 평균은 '목표 지능형 다짐값'의 105%보다 커야 함 b. 측정된 지능형 다짐값의 90% 이상이 '목표 지능형 다짐값'의 70% 이상이 되어야 함

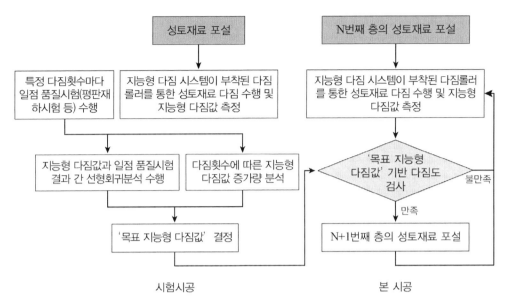

그림 2.9 지능형 다짐값 기반 토공사 품질관리 절차도

공사 품질관리 절차를 요약한 것이다. 여기서 시험시공이란 다짐품질 관리 기준을 결정하기 위해 소규모 영역에서 수행하는 것으로 시험시공을 통해 결정된 기준에 따라 본 시공 구간(실제 토공사 구간)의 다짐품질을 관리한다. 모든 기준에서는 지능형 다짐값에 영향을 미칠 수 있는 성토재료의 종류 및 다짐롤러의 운용조건(다짐롤러의 운용속도, 드럼의 진폭 및 진동수)을 시험시공과 본 시공에서 일정하게 유지하도록 명시하고 있다.

지능형 다짐 기술과 관련한 국내외 기준에는 지능형 다짐값을 목푯값으로 설정하여 토공사의 품질을 관리하는 절차가 기술되어 있다. 일점시험(평판재하시험, 현장밀도시험 등)을 수행하기 위한 위치(다짐품질이 취약한 구간)를 선정하기 위하여 한정적인 목적으로 지능형 다짐값을 활용하는 스웨덴의 ROAD(1994)과 고정밀 GNSS를 기반으로 자동 측정되는 다짐횟수를 기반으로 품질을 관리하는 일본의 MLIT(2020)을 제외하면, 모든 기준에서 공통적으로 시험시공을 통해 '목표 지능형 다짐값'을 결정하고, 이 값을 바탕으로 본 시공 구간의 품질을 관리하도록 한다.

각 기준에서 제시하는 품질관리 절차는 전반적으로 유사하지만, (시험시공) '목표 지능형 다짐값'의 결정방법 및 (본 시공) 이를 활용한 품질관리 상세 기준은 상이하다(그림 2.9의 음영 표시). 예를 들어 RVS(1999)는 품질관리 시방에 제시된 지지력 계수의 95%와

105%에 부합하는 지능형 다짐값을 기준으로 토공사 품질을 관리하지만, FHWA(2014)와 국내 지능형 다짐공 표준시방서(KCS 10 70 20, 2021)는 품질관리 시방에 제시된 지지력 계수의 100%에 부합하는 지능형 다짐값을 기준으로 한다(그림 2.10(a)). 또한 FHWA(2014)는 다짐횟수 증가에 따른 지능형 다짐값 증가량이 5% 이하일 때를 기준으로 '목표 지능형 다짐값'을 결정할 수도 있도록 명시하고 있다(그림 2.10(b)).

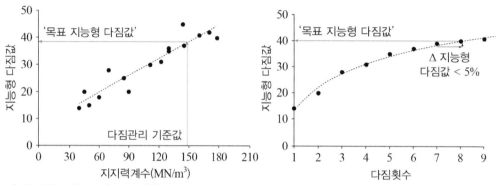

a) 현장 품질시험 결과(지지력 계수)와의 상관관계 이용   b) 다짐횟수 증가에 따른 지능형 다짐값 증가량 이용

그림 2.10 '목표 지능형 다짐값' 결정 예시

또한 FHWA(2014)는 본 시공 영역에서 측정된 지능형 다짐값의 90% 이상이 목표 지능형 다짐값의 90% 이상이 되도록 다짐관리를 하도록 하고, 국내 지능형 다짐공 표준시방서(KCS 10 70 20, 2021)는 본 시공 영역에서 측정된 지능형 다짐값의 평균이 '목표 지능형 다짐값'의 105% 이상이고 측정된 지능형 다짐값의 90% 이상이 '목표 지능형 다짐값'의 70% 이상이 되도록 규정한다. RVS(1999)는 보다 엄격한 관점에서, 본 시공 영역에서 측정된 지능형 다짐값의 평균값뿐 아니라 최댓값, 최솟값, 변동성까지 규정하고 있다.

앞서 언급한 바와 같이, 미국 미네소타주 TH-64 프로젝트가 실규모 토공사 현장에 지능형 다짐 기술을 적용한 유일한 현장일 만큼 관련 기술의 실증 사례가 매우 부족한 실정이므로, 각 기관에서 제시하고 있는 품질관리 절차의 유효성 및 신뢰성이 충분히 검증되었다고 말하기는 어렵다. 향후 보다 다양한 현장에서 실증연구를 수행해 '목표 지능형 다짐값' 결정 방법 및 최적화된 품질관리 상세 기준을 확립하고, 기제안된 기준을 검증 및 보완해야 할 것으로 판단된다.

지능형 다짐 시공 지침

CHAPTER
03

지능형 다짐 시공 지침

3.1 총칙

3.1.1 목적

> 본 지침은 토공사에서 지능형 다짐을 실시하기 위한 성토재료 및 장비의 요구사항, 품질관리 절차, 데이터 취득 및 관리, 관련 문서 등을 규정하는 것을 목적으로 한다.

해설

본 지침은 지능형 다짐공 표준시방서(KCS 10 70 20, 2021)를 바탕으로 지능형 다짐을 수행하는 데 필요한 사항을 기술한 것이다. 지능형 다짐과 무관하게 토공사에 적용되는 일반적인 사항은 상세히 기술하지 않았으므로, 본 지침과 지능형 다짐공 표준시방서(KCS 10 70 20, 2021)에 언급되지 않은 일반사항은 쌓기 표준시방서(KCS 11 20 20, 2023)를 적용한다.

현행 쌓기 표준시방서(KCS 11 20 20, 2023)에 따르면, 토공사 품질관리는 평판재하시험(KS F 2310)을 통해 얻어지는 지지력 계수 또는 흙의 밀도시험(KS F 2311)을 통해 얻어지는 다짐도를 이용한다. 다짐이 완료된 후 지지력 계수 또는 밀도를 작업자가 측정하므로 다

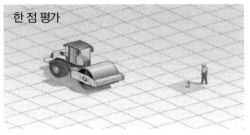

a) 현행 다짐품질 관리 방법

b) 지능형 다짐 시공 기반 품질관리 방법

그림 3.1 현행 다짐품질 관리 방법과 지능형 다짐 시공 기반 품질관리 방법 비교

짐롤러 대기시간이 발생하고 넓은 면적을 한 점의 측정값으로 관리하므로 전체 현장의 품질을 확인하는 것이 사실상 불가능하다(그림 3.1(a)). 또한 현장시험 결과를 야장에 수기로 기입한 뒤 이를 전자문서로 변환하는 절차가 필요하다.

앞서 설명한 문제를 개선하고자 다짐롤러에 부착된 센서(GNSS와 지능형 다짐값 평가 장치)로부터 얻어진 데이터를 분석해 다짐품질을 실시간-연속적으로 평가하는 지능형 다짐 기술이 개발되었다(그림 3.1(b)). 지능형 다짐을 통해 토공사의 품질과 관련된 데이터(다짐롤러의 운행속도, 드럼의 진폭과 진동수, 지반강성 등)를 획득함으로써 시공 면적 전체의 품질을 관리할 수 있으며, 운전자가 다짐롤러에 탑재된 GUI 디스플레이로부터 품질 현황을 실시간으로 파악함으로써 효율적인 다짐 작업(국부적인 다짐도 저하 및 과다짐 방지)이 가능하다. 또한 다짐작업이 완료된 후 수행하는 평판재하시험 및 흙의 밀도시험을 최소화함으로써 다짐롤러 대기시간을 단축시킬 수 있으며, 모든 데이터를 디지털 데이터로 저장-관리하여 생산성을 극대화할 수 있다.

즉, 지능형 다짐은 평판재하시험 및 흙의 밀도시험을 기반으로 이뤄지는 현행 다짐품질 관리 방법을 획기적으로 개선할 수 있는 기술이다. 다만, 지능형 다짐은 현행 다짐품질 관리 방법에 비해 복잡한 장치와 시스템이 활용되며 훨씬 많은 품질 데이터가 도출되므로, 현장을 보다 면밀하게 관리하고 품질 데이터를 체계적으로 수집 및 분석해야 한다(표 3.1). 본 지침은 도로, 철도, 비행장, 단지조성 등의 토공사에서 지능형 다짐을 실시하기 위한 성토재료 및 장비의 요구사항, 품질관리 절차, 데이터 취득 및 관리, 관련 문서 등을 규정하는 것을 목적으로 작성되었다.

표 3.1 현행 다짐품질 관리 방법과 지능형 다짐 시공 기반 품질관리 방법 비교

항목		현행 다짐품질 관리 방법	지능형 다짐 기술 기반 품질관리 방법
시험 시공[1]	장치/시스템 준비	–	• 지능형 다짐 적용 가능 여부 확인 • 지능형 다짐 장치 부착/작동/정밀 도 확인 • 지능형 다짐 시스템 설정
	성토재료	• 입도 분석을 통한 성토재료 적 절성 확인 • 다짐시험을 통한 성토재료 최대 건조밀도 및 최적 함수비 결정	좌동
	포설	• 시험시공 조건에 따라 균질한 두께로 포설	좌동
	시공 조건 결정	• 소정의 품질을 만족할 수 있는 시공 조건(포설 두께, 다짐횟수) 결정	• 소정의 품질을 만족할 수 있는 시 공 조건(포설 두께, 다짐횟수, '목 표 지능형 다짐값') 결정
본 시공[2]	장치/시스템 준비	–	시험시공과 동일하게 유지함
	성토 재료	• 토질 변화의 유무 확인 • 시공 전 함수비 범위(소정의 밀 도 달성 가능 범위) 적합 여부 확인	좌동
	포설	• 시험시공으로 결정된 포설 두께 이하 적용	좌동
	다짐 관리	• 다짐장비 운전자의 기억에 의존 한 다짐횟수 관리	• 지능형 다짐 시스템에서 제공하는 데이터 기반 관리 ① 다짐횟수 기반 관리 ② '목표 지능형 다짐값' 기반 관리
	현장 품질 시험	• '목표 다짐횟수'를 만족시킨 뒤, 공사 감독자가 지정한 위치에서 소정의 빈도로 평판재하시험 혹 은 흙의 밀도시험 실시	• (다짐횟수 기반 관리) '목표 다짐횟 수'를 만족시킨 뒤, 낮은 지능형 다 짐값이 집중적으로 분포하는 지역 의 중앙부에서 평판재하시험 실시 • ('목표 지능형 다짐값' 기반 관리) 원칙적으로 생략. 단, 공사 감독자 가 요구하는 경우 수행

1) 시험시공: 토공사의 시공 조건을 결정하기 위해서 현장의 일부 구간에서 소규모로 수행하는 공사
2) 본 시공: 시험시공에서 결정된 시공 조건을 바탕으로 토공사 현장 전체에서 수행하는 공사

3.1.2 적용범위

> 본 지침은 토사를 쌓기 재료로 사용하는 토공사의 효율적인 품질관리를 위해서 표준적인 지능형 다짐 시스템이 부착된 단일 드럼 진동롤러를 이용하는 공사에 적용한다.

해설

지능형 다짐은 1974년 스웨덴 고속도로 관리국에서 다짐롤러의 드럼에 가속도계를 부착해 동적 지반반력을 측정하고 이를 지반의 강성과 연관시킨 것으로부터 시작되었다. 이후 기술적 발전을 거듭한 결과, 계측 분야를 선도하는 업체들(Trimble, Leica 등)이 다짐롤러에 장착할 수 있는 애프터마켓(aftermarket) 애드온(add-on) 지능형 다짐 센서 패키지를 출시하였고, 최근에는 건설장비 분야를 선도하는 업체들(Caterpillar, Sakai, Ammann, Bomag 등)이 지능형 다짐 기술이 내장된 다짐롤러를 출시하고 있다.

지난 수십 년간, 미국 내 여러 도로국(Department of Transportation, DOT)의 지원을 받은 Iowa State University의 D.J. White 교수를 필두로 많은 연구자들이 다양한 조건에서 현장시험을 수행해 상용 지능형 다짐 시스템의 유효성을 검증해 왔다. 그 결과, 지능형 다짐은 제한적인 조건(시공면적, 성토재료, 다짐장비, 지능형 다짐 시스템 등)에서 토공사의 품질관리에 적용될 수 있음이 확인되었다.

지능형 다짐의 특성 및 현재의 기술 수준을 종합적으로 고려하여, 지능형 다짐을 적용할 수 있는 현장 조건을 다음과 같이 한정한다.

- 시공면적이 2,000m² 이상이고 폭 8m 이상인 도로, 철도, 비행장, 단지조성 등의 토공사에 적용한다.
- 산업부산물을 쌓기 재료로 이용하는 경우와 암쌓기, 비탈면 다짐공사에는 적용하지 않는다.
- 지능형 다짐 시스템이 부착된 약 10ton 중량의 단일 드럼 진동롤러를 다짐장비로 사용하는 토공사에 적용한다. 다짐롤러는 운행 속도, 드럼의 진폭 및 진동수를 일정하게 유

지할 수 있어야 한다.

- 표준적인 지능형 다짐 시스템(Ammann의 ACE-Plus, Bomag의 BCM05, Caterpillar 와 Trimble의 AccuGrade, Leica의 iCON, Dynapac의 DCA, Sakai의 Aithon MT 등) 을 이용하는 경우에 한해 적용한다. 새롭게 개발된 지능형 다짐 시스템을 적용하고자 하는 경우에는 장비 제조업체에서 제시하는 별도의 시공 방법과 품질관리 방법을 공사 감독자의 승인을 얻어 적용할 수 있다.

3.1.3 관리항목

> 지능형 다짐 시 시험시공을 통해 '목표 다짐횟수' 및 '목표 지능형 다짐값'을 결정하며, '목 표 다짐횟수' 혹은 '목표 지능형 다짐값'을 활용해 본 시공 구간의 다짐 품질을 관리한다. 또한 지능형 다짐의 성과는 성토재료, 다짐장비, 지능형 다짐 시스템에 복합적으로 영향을 받으므로, 지능형 다짐 결과에 영향을 미칠 수 있는 모든 사항을 면밀하게 관리해야 한다.

해설

지능형 다짐 시공 시, 다짐롤러에 부착된 센서(GNSS와 지능형 다짐값 평가 장치)로부터 위치별 다짐횟수 및 지능형 다짐값이 실시간-연속적으로 도출된다(그림 3.2). 여기서, 지능 형 다짐값은 지능형 다짐값 평가 장치로부터 얻어지는 지반의 강성값이다. 다짐롤러는 드럼 을 통해 동적하중을 가해 지반을 다짐한다. 지능형 다짐값 평가 장치(일반적으로 가속도계 와 분석 시스템으로 구성됨)는 드럼과 지반 사이의 동적 상호작용(dynamic interaction)을 측정 및 분석해 지능형 다짐값을 자동 도출한다. 상용 지능형 다짐값 평가 장치들은 자체적 인 이론에 의거한 지능형 다짐값(Trimble과 Caterpillar의 CMV, Sakai의 CCV, Ammann의 k_S, Bomag의 E_{VIB})을 가지고 있으며, 대부분 지반의 강성에 따라 지능형 다짐값이 증가하 도록 설정되어 있다.

현행 다짐품질 관리 방법과 유사하게, 지능형 다짐 시에도 시험시공을 통해 시공조건을 결정하고 이를 바탕으로 본 시공 구간의 품질을 관리한다. 다만, 현행 다짐품질 관리 방법에

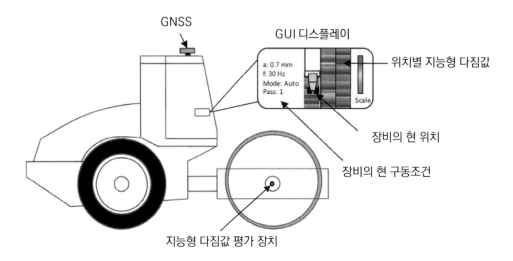

그림 3.2 지능형 다짐 장치가 부착된 다짐롤러의 모식도

서는 시험시공을 통해 '목표 다짐횟수'만을 결정하지만, 지능형 다짐 시에는 '목표 다짐횟수'와 '목표 지능형 다짐값'을 결정하고 이를 본 시공 구간의 품질관리에 활용한다.

'목표 다짐횟수'를 품질관리 항목으로 적용하는 경우에는 본 시공 구간을 목표한 다짐횟수만큼 다짐한 뒤, 낮은 지능형 다짐값이 집중적으로 분포하는 지역(다짐품질 취약 지역)의 중앙부에서 평판재하시험을 실시해 규정치를 만족하는지를 확인한다. 이는 지능형 다짐을 소극적으로 활용하는 방법으로, 현행 다짐품질 관리 방법과 마찬가지로 현장 품질시험을 수행해야 하므로 생산성의 획기적인 향상을 기대하기 어렵다. 다만, 현장 품질시험 위치를 임의로 선정하지 않고 데이터를 기반으로 판별된 취약 영역에서 수행함으로써 시공품질을 향상시킬 수 있는 장점이 있다.

'목표 지능형 다짐값'을 품질관리 항목으로 적용하는 경우에는 본 시공 구간에서 측정된 지능형 다짐값이 '목표 지능형 다짐값'을 기준으로 설정된 다짐 품질관리 조건을 만족하는지 여부를 확인한다. 이는 지능형 다짐을 적극적으로 활용하는 방법으로, 현장 품질시험을 생략할 수 있어 생산성을 크게 향상시킬 수 있다. 다만, 지능형 다짐이 현장 품질시험을 대체할 만큼의 충분한 트랙레코드(track record)가 확보되기 전까지는, 공사 감독자가 요구하는 경우 현장 품질시험을 병행해 규정치를 만족하는지 확인해야 한다.

지난 수십 년간 많은 연구자들이 수행한 현장시험 결과에 따르면, 지능형 다짐의 성과는

표 3.2 지능형 다짐 관련 관리항목 및 방법

공정	관리항목	관리방법
시험시공	적용조건	• 현장 조건이 지능형 다짐의 적용범위에 부합하는지 여부를 확인
	시스템 운용 장애 유무	• 고정밀 측위가 가능한 GNSS 시스템의 운용 가능 여부 확인 • 지능형 다짐 장치와 시스템 서버의 통신/연계 여부 확인
	사용기기	• 지능형 다짐 장치의 부착/작동 여부 확인
	정밀도	• 지능형 다짐 관리에 필요한 정밀도를 확보하고 있는지 확인
	시스템 설정	• 현장 환경, 다짐장비, 지능형 다짐 시스템에 따라 시스템을 적절하게 설정했는지 확인 • 지능형 다짐 시스템이 정상적으로 작동하는지 확인
	성토재료	• 성토재료의 입도 적절성 확인 • 소정의 다짐도가 얻어지는 성토재료의 함수비 범위 확인
	다짐시공	• 다짐롤러의 운행속도, 드럼 진동수, 진폭을 일정하게 유지하며 다짐 수행
	시공조건 결정	• 소정의 품질을 만족하는 다짐횟수 확인 • 소정의 품질을 만족하는 '목표 지능형 다짐값' 확인 • 시험시공 전후의 포설 두께 확인 및 본 시공 포설두께 산정 • 과다짐으로 인한 품질 저하 발생 시 다짐횟수 상한 확인
본 시공	적용조건, 시스템 운용 장애 유무, 사용기기, 정밀도, 시스템 설정	시험시공과 동일
	성토재료	• 현장에 반입되는 재료가, ① 시험시공과 동일함을 확인, ② 시공 전 함수비 범위가 소정의 밀도 달성 가능 범위임을 확인
	포설	• 시험시공으로 결정된 포설 두께 이하임을 확인
	다짐관리	• 다짐롤러의 운행속도, 드럼 진동수 및 진폭을 시험시공과 동일한 조건으로 일정하게 유지하며 다짐을 수행 • 지능형 다짐 시스템에서 제공하는 데이터를 이용해 다음 중 하나의 방법으로 관리 ① 전체 영역이 '목표 다짐횟수'를 만족하는지 여부를 확인 ② 측정된 지능형 다짐값이 '목표 지능형 다짐값'을 기준으로 설정된 다짐 품질 관리 조건을 만족하는지 여부를 확인
	현장 품질시험	• (다짐횟수 기반 관리) '목표 지능형 다짐값'보다 낮은 지능형 다짐값이 다수 분포하는 지역(다짐품질 취약 지역)의 중앙부에서 실시해 규정치를 만족했는지 확인 • ('목표 지능형 다짐값' 기반 관리) 원칙적으로 생략. 단, 공사 감독자가 요구하는 경우 지정한 위치에서 규정치를 만족했는지 확인

성토재료, 다짐장비, 지능형 다짐 시스템에 복합적으로 영향을 받는다. 따라서 표 3.2에 나타낸 바와 같이, 시험시공 및 본 시공 전반에 대해 지능형 다짐 결과에 영향을 미칠 수 있는 모든 사항을 면밀히 관리해야 한다.

3.1.4 용어

본 지침에서 사용하는 용어의 정의는 다음과 같다.

- 지능형 다짐(Intelligent Compaction): 다짐롤러에 부착된 센서로부터 연속적으로 획득한 계측값을 기반으로 다짐 공정을 연속적으로 제어 및 관리하는 다짐공법
- 지능형 다짐롤러(Intelligent Compaction Roller): GNSS와 지능형 다짐값 평가 장치가 부착되어 있어 시공 중 다짐품질을 실시간-연속적으로 획득할 수 있는 진동 다짐롤러. 다짐롤러의 내부에는 GUI 디스플레이가 설치되어 있어 운전자가 시공 중 장비의 위치와 다짐품질을 실시간으로 확인할 수 있음
- GNSS(Global Navigation Satellite System, 범지구 위성 항법 시스템): 인공위성을 활용해 수신자의 위치를 결정할 수 있게 하는 체계. 미국의 GPS, 러시아의 GLONASS, 유럽의 GALILEO가 대표적임
- 지능형 다짐값 측정 장치: 진동다짐 수행 중 지반의 강성을 연속적으로 측정하는 장치를 의미함. 현재는 가속도계 기반의 지능형 다짐값 측정 장치가 가장 널리 사용됨
- GUI(Graphical User Interface) 디스플레이: 그래픽을 이용한 인터페이스 디스플레이로 이를 통해 다짐롤러 운전자가 시공 중 장비의 위치와 다짐품질을 실시간으로 확인할 수 있음
- 지능형 다짐값(Intelligent Compaction Measurement Value, ICMV): 다짐롤러에 부착된 지능형 다짐값 평가 장치를 통해 연속적으로 획득한 계측값으로부터 평가되는 다짐에 관한 지표로서 지반공학적 특성, 함수비 등의 환경 조건, 다짐롤러의 정적 특성, 가속도센서 부착 상태 등에 따른 상대적인 값
- 온보드 디스플레이 시스템(Onboard Display System): 지능형 다짐 시 획득된 데이터

(다짐롤러의 위치와 속도, 드럼의 진폭과 진동수, 다짐횟수, 지능형 다짐값 등)을 실시간으로 표시하고 저장할 수 있는 일련의 시스템. 시스템 내부에 데이터를 저장하고 데이터 클라우드 스토리지로 자동 전송함. 이동식 미디어 장치 이용 시 저장된 데이터를 수동으로 전송할 수 있음

- 로버(Remotely Operated Video Enhanced Receiver): 지정된 지점 위치에 대한 좌표를 결정하는 데 사용되는 휴대용 GNSS 수신기
- RTK(Real Time Kinematic): 실시간 이동 측위 위치 정보시스템으로 정밀한 위치정보를 가지고 있는 기준국의 반송파 위상에 대한 보정치를 이용하여, 이동국에서 실시간으로 1~2cm 정도의 오차범위 내에서 정확한 측위 결과를 얻을 수 있는 측위 방법
- VRS(Virtual Reference Station): VRS 측량은 RTK GPS 측량 방식 중 하나로 GPS 상시관측소로 이루어진 기준국망을 이용하여 가상기준점과 이동국과의 실시간 이동 측량을 통해 이동국의 정확한 위치를 결정하는 측위 방법

3.2 요구사항

3.2.1 입지 및 지형 조건

> 지능형 다짐은 GNSS의 측위를 기반으로 수행된다. 지능형 다짐을 수행하기에 앞서, 입지 및 지형 조건이 GNSS의 측위 성능을 저해하는지 여부를 확인해야 한다.

해설

지능형 다짐 시 GNSS 수신용 안테나는 다짐롤러 캐빈(cabin) 상단에 결착되어 장비의 위치를 측정한다. GNSS 측위는 지능형 다짐을 위해 가장 중요한 사항으로, 토공사의 품질과 관련된 데이터(다짐롤러의 속도, 드럼의 진폭과 진동수, 지반강성 등)는 GNSS 측위 데이터와 결합되어 공간상의 정보로 가공된다.

GNSS의 측위 성능은 무선 통신환경과 위성 포착 수에 따라 달라지며, 이는 입지 및 지형 조건에 영향을 받는다. 협소한 지역이나 산간 지역 등에서는 위성 전파가 차단되어 정확한 측위를 위해 필요한 위성 수를 포착할 수 없는 상황이 생기기 쉽다. 또한 그림 3.3과 같이 GNSS 수신용 안테나 부근에 건물이나 법면이 근접한 경우는 위성으로부터의 전파가 다중 반사(multi-pass)되어 측위 오차가 발생될 수 있다.

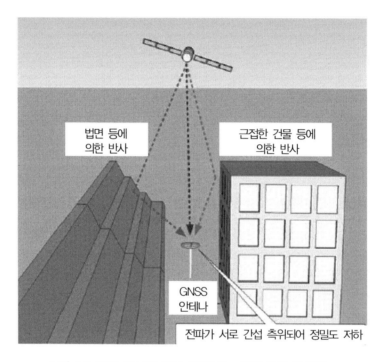

그림 3.3 다중 반사에 의해 발생되는 측위 오차 모식도

따라서 현장에서는 육안을 통해 무선 통신환경의 양호함 및 충분한 위성 포착 수가 얻어 짐을 확인해야 한다. GPS만 사용하는 경우 5개 위성 이상, GPS와 GLONASS를 함께 사용 하는 경우는 6개 위성 이상을 표준으로 한다. 상황에 따라 GALILEO 등의 위성을 사용할 수 있다.

만일 협소한 지역 혹은 산간 지역처럼 상공이 열려 있지 않아 GNSS 측위가 제한될 것으 로 예상되는 경우, 다음과 같은 과정을 통해 무선 통신환경의 양호함 및 충분한 위성 포착 수 를 면밀하게 확인해야 한다. GNSS는 하루 중에서 위성 포착 수가 많은 시간대와 적은 시간대가 있기 때문에 미리 위성 포착수를 예측하는 소프트웨어(상용 혹은 프리 소프트웨어)에 의해 현장의 특정 위치(위도 및 경도)와 시간에서 이론상의 위성 포착수를 확인하며, 그것과 실제 위성 포착수가 대체로 일치하는지 확인한다. 협소한 지역 및 산간 지역의 경우, 이론상의 위성 포착수보다 실제 포착수가 적게 된다(이론상의 포착 개수는 산, 빌딩, 수목 등의 차폐물을 고려하지 않음). 이론과 실제의 위성 포착 개수의 차이를 통해 하루 동안 위성 포착 개수가 부족한 시간대가 어느 정도 될지 예측하여, 이를 바탕으로 지능형 다짐의 가능 여부를 판단한다.

3.2.2 성토재료

> 지능형 다짐은 토사를 성토재료로 이용하는 토공사에 적용한다. 최대 입자 크기가 직경 120mm를 초과하는 경우나, 0.08mm 이하의 미세입자 함유율이 중량의 15%를 초과하는 경우 지능형 다짐값의 신뢰성이 저하될 수 있으므로 유의해야 한다. 시공 함수비의 범위는 흙의 실내 다짐 시험(KS F 2312)으로부터 평가된 최적 함수비의 ±2% 이내에서 조절한다.

해설

성토재료의 종류와 함수비는 다짐의 효율 및 지반의 강성에 큰 영향을 미친다. 성토재료에 직경 0.08mm 이하의 미세입자가 과도하게 많이 포함된 경우, 동적하중에 의한 다짐 효율이 나쁘다고 알려져 있다(Massarsch, 1991; Mitchell and Soga, 2005). 또한 ISSMGE(2005)는 성토재료의 최대 입자 크기가 직경 120mm를 초과하는 경우나, 0.08mm 직경 이하의 미세입자 함유율이 중량의 15%를 초과하는 경우 지능형 다짐값의 신뢰성이 저하될 수 있으므로 이에 유의하도록 명시하고 있다.

성토재료의 함수비가 최적 함수비와 크게 차이나는 경우 다짐 효율이 감소한다(Das, 2021). 또한 함수비가 증가함에 따라 지반의 강성값(지능형 다짐값, 지지력 계수 등)이 감소하는 경향을 보인다(Siekmeier et al., 2009; Tan et al., 2014; Tatsuoka et al., 2021; Latimer et al., 2023).

따라서 진동하중에 대해 높은 다짐 효율을 기대할 수 있고 지능형 다짐값의 신뢰성을 담보할 수 있도록, 성토재료의 종류 및 함수비는 다음과 같은 조건을 만족해야 한다.

(1) 성토재료의 요건

- 성토재료는 활성이 없는 무기질의 흙으로 유해물질이 없고 적정 함수비에서 간극이 최소가 되게 충분히 다질 수 있는 입도여야 한다.
- 성토재료에 포함되어 있는 초목, 그루터기, 덤불, 나무뿌리, 쓰레기, 유기질토 등을 제거하여야 하며, 환경에 유해한 영향을 미치는 물질이 함유되지 않아야 한다.
- 흡수성 및 압축성이 큰 흙과 동토, 빙설, 다량의 부식물이 섞인 흙 등 성토재료로 부적합한 재료는 사용하지 않아야 한다.
- 성토재료는 해당 공사의 성토재료의 최대 입경기준보다 큰 입경의 재료를 제거한 후 사용하거나, 사용을 위해 자연건조될 수 있도록 쌓아두어야 한다. 쌓기 재료를 쌓아두는 경우에는 비산먼지 발생을 억제하기 위한 조치를 하여야 한다.
- 이 위 성토재료의 요건은 표 3.3에서 정하고 있는 사항을 따라야 한다.

표 3.3 지능형 다짐을 위한 성토재료의 요건

규격기준	기준값	비고
최대치수(mm)	120 이하	–
수정 CBR	10 이상	KS F 2320
5mm 체 통과율(%)	50 이상	KS F 2302
0.08mm 체 통과율(%)	15 이하	KS F 2302, KS F 2309
소성지수	10 이하	KS F 2303

(2) 성토재료의 함수비

- 성토재료의 시공 함수비는 흙의 실내 다짐시험(KS F 2312)으로부터 평가된 최적 함수비의 ±2% 이내에서 조절한다(그림 3.4).
- 현장 함수비가 시공 함수비 범위를 벗어나는 경우, 살수를 통해 함수비를 증가시키거나

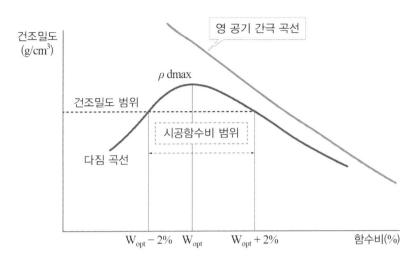

그림 3.4 실내 다짐시험에 의한 다짐곡선과 시공 함수비 범위

혹은 자연 건조를 통해 함수비를 저하시켜야 한다. 기온, 강우, 강설 등 토공사에 유해한 기상조건으로 공사가 중단되었을 때는 현장 함수비를 시공 함수비 범위 내에 안정적으로 유지시킬 수 있을 때까지 작업을 재개하지 말아야 한다.

3.2.3 다짐롤러

> 지능형 다짐값 측정 장치, GNSS 수신기, 온보드 디스플레이 시스템으로 구성되는 표준적인 지능형 다짐 시스템이 부착된 단일 드럼 진동롤러를 이용한다. 지능형 다짐 센서는 다짐롤러에 견고하게 결착되어 지능형 다짐에 필요한 데이터를 정밀하게 측정할 수 있어야 한다. 또한 지능형 다짐값에 영향을 미칠 수 있는 다짐롤러의 운행속도, 드럼의 진폭과 진동수는 일정하게 유지되어야 한다.

해설

본 지침은 지능형 다짐값 측정 장치, GNSS 수신기, 온보드 디스플레이 시스템으로 구성되는 표준적인 지능형 다짐 시스템이 부착된 단일 드럼 진동롤러의 적응에 이용한다(그림 3.5). 지능형 다짐값은 지반의 강성뿐만 아니라 다짐롤러 관련 요소(다짐롤러의 종류, 다짐

그림 3.5 표준적인 지능형 다짐 시스템이 부착된 단일 드럼 진동롤러 예시

롤러의 운행속도, 드럼의 진폭과 진동수 등)와 지능형 다짐 시스템과 관련된 요소(지능형 다짐 시스템의 종류, 센서의 결착 상태 등)에 영향을 받는다(Forssblad, 1980; Floss et al., 1983; Brandl and Adam, 1997).

 따라서 다짐롤러와 지능형 다짐 시스템(지능형 다짐값 측정 장치, GNSS 수신기, 온보드 디스플레이 시스템)은 다음과 같은 조건을 만족해야 한다.

(1) 다짐롤러

- 일정한 속도로 회전하는 편심 질량을 이용하여 상하 방향으로 진동을 가할 수 있는 표면이 부드러운 단일 드럼 진동 롤러를 사용한다. 두개의 스무스 드럼으로 구성되는 탠덤 진동 롤러는 특정 노체 및 지형 조건에서 때때로 구동 드럼의 '미끄럼(slip)' 현상이 나타날 수 있기 때문에 지능형 다짐 평가 방법에 적합하지 않다.
- 다짐 시공 중 주파수 변동은 동적 측정값에 영향을 미치기 때문에 롤러의 진동 주파수는 ±2.0Hz 범위 안에서 일정하게 유지할 수 있어야 한다.
- 다짐 시공 중 진폭 변동은 동적 측정값에 영향을 미치기 때문에 롤러의 진동 진폭은 일정하게 유지할 수 있어야 한다.

- 운행속도는 2~6km/h 범위 안에서 결정하며, 다짐 시공 중 속도 변화는 동적 측정값에 영향을 미치기 때문에 롤러의 운행 속도를 ±0.2km/h 범위 안에서 일정하게 유지할 수 있어야 한다.
- 드럼의 진동 거동은 재현 가능해야 한다. 롤러의 물리적 특성에 따른 영향을 최소화하기 위하여 주기적으로 롤러를 점검하여 베어링이 과하게 마모되거나 드럼의 균형이 맞지 않는 상태가 발생하지 않도록 한다.

(2) 지능형 다짐값 측정 장치(하드웨어)

- 다짐롤러에 장착되는 고정된 형태 또는 탈부착이 가능한 형태를 모두 사용할 수 있으며, 드럼 중앙축에 고정 및 설치한다.
- 시공 중 측정되는 드럼의 동적 값을 지능형 다짐값으로 실시간 변환 가능한 프로세서를 포함한다(그림 3.2).

(3) GNSS

- GNSS 라디오 및 수신기 유닛은 드럼 위치를 모니터링하고 다짐롤러의 다짐횟수를 추적하기 위해 다짐롤러 캐빈(cabin)의 상단에 결착되어야 한다.
- GNSS를 이용하여 다짐롤러의 위치 정보를 초당 1회 이상 취득할 수 있어야 한다.
- GNSS의 측위 정밀도 확인은 시공 현장 임의의 지점 또는 좌표 기지점 중 한 위치에서 사용 위성수가 5개 이상(GPS 기준)일 때 1초 간격으로 10초 간 위치 정보를 취득하고, 초기화한 후 추가 1회 실시한다. 각 시도에서 계측 평균값에 대하여 양자의 계측된 x 좌표 및 y 좌표의 차이가 20mm 이내, z 좌표(높이)의 차이가 30mm 이내인지 확인한다. 이 확인은 다짐기계에 장착한 상태에서도 실시할 수 있다.
- 다짐롤러에 설치된 GNSS 수신기 유닛의 설치 위치와 지능형 다짐값 측정 장치가 설치되어 있는 드럼 위치와의 오프셋(offset) 양을 그림 3.6과 같이 실측하여 위치 정보 보정에 반영한다.

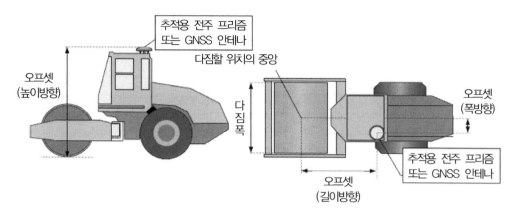

추적용 전주 프리즘
또는 GNSS 안테나

다짐할 위치의 중앙

오프셋
(높이방향)

다
짐
폭

오프셋
(폭방향)

추적용 전주 프리즘
또는 GNSS 안테나

오프셋
(길이방향)

그림 3.6 GNSS 수신기의 측위 데이터를 드럼 위치로 보정하는 절차

(4) 온보드 디스플레이 시스템

- 지능형 다짐 시 획득된 데이터(다짐롤러의 위치와 속도, 드럼의 진폭과 진동수, 다짐횟수, 지능형 다짐값 등)를 실시간으로 표시하여 롤러 운전자의 작업을 보조한다.
- 다짐롤러 작업자는 온보드 디스플레이 시스템을 활용하여 가능한 한 시공 부지 전체의 다짐횟수가 순차적으로 증가하도록 작업을 실시한다.

3.2.4 지능형 다짐값 측정 시스템(소프트웨어)

> 지능형 다짐값 측정 시스템을 이용해 지능형 다짐 중 획득되는 토공사의 품질 데이터를 통합 관리한다. 지능형 다짐 측정 시스템은 지능형 다짐에 필요한 데이터를 적절한 방식으로 저장 및 표시할 수 있어야 하며, 사용자는 현장 상황을 반영해 적절한 설정값을 입력해야 한다.

해설

지능형 다짐값 측정 시스템은 지능형 다짐 중 획득되는 토공사의 품질 데이터를 통합 관리한다. 지능형 다짐 시스템은 지능형 다짐을 위해 필요한 필수적인 품질 데이터를 저장 및 분석하는 기능을 보유하고 있어야 한다. 또한 시스템 사용자는 지능형 다짐을 수행하기 전 현장 상황을 반영해 적절한 설정값을 입력해야 한다.

지능형 다짐값 측정 시스템의 요건 및 시스템 설정 항목은 다음과 같다.

(1) 지능형 다짐값 측정 시스템의 요건

- 지능형 다짐값 측정 시스템은 가속도계로 측정되는 롤러의 동적 거동을 지능형 다짐값
  으로 변환하고, 이외에 시공 중 얻어지는 다양한 시공 정보를 통합 관리한다.
- GNSS를 통한 다짐롤러의 위치 정보 업데이트 주기를 고려하여 시스템은 대상부지를
  적어도 0.5m × 0.5m의 해상도를 갖는 메시(mesh)로 분할하고(그림 3.7), 각 셀에 시
  공 중 얻어지는 측정값(다짐롤러 위치, 이동 속도, 주파수, 지능형 다짐값, 다짐횟수 등)
  을 할당할 수 있어야 한다. 각 메시 기반의 데이터 할당 예시 및 각 메시에 할당되어야
  하는 필수 정보는 표 3.4와 같다.

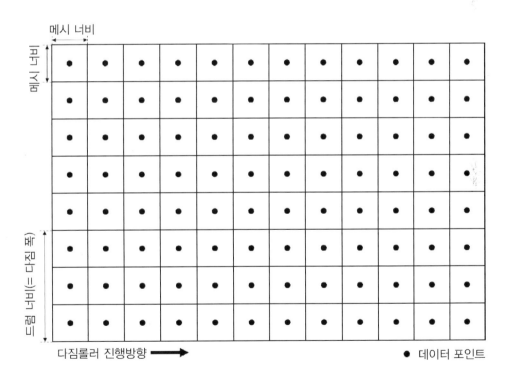

그림 3.7 지능형 다짐값 측정 시스템의 메시 분할 및 데이터 할당 예시

표 3.4 지능형 다짐을 위해 필요한 필수 정보 목록 및 예시

항목번호	데이터 필드 명칭	데이터 예
1	날짜(YYYYMMDD)	20080701
2	시간(HHMMSS.S)	090504.0(9hr 5min. 4.0s.)
3	위도(소수점)	94.85920403
4	경도(소수점)	45.22777335
5	동향거리(Easting, m)	354048.3
6	북향거리(Northing, m)	5009934.9
7	표고(m)	339.9450
8	롤러 다짐횟수	2
9	롤러 진행 방향	1: 전진, 2: 후진
10	롤러 속도(km/h)	4.0
11	가진 여부	1: 가진, 2: 비가진
12	진동수(Hz)	35.0
13	진폭(mm)	0.8
14	지능형 다짐값	20.0
15	더블 점프 여부	1: 더블 점프 아님, 2: 더블 점프
16	지능형 다짐값의 이상치 평가 결과	1: 이상치 아님, 2: 이상치

- 시공 정보는 조작이 불가능하도록 보안 시스템이 갖추어져 있어야 한다.

- 더블 점프는 상대적으로 지반의 강성이 크고, 롤러의 유효 프레임 무게와 드럼 무게가 가벼울 때 발생할 가능성이 높으며, 발생 시 동적 측정값에 상당한 영향을 미친다(부록 1 참조). 더블 점프 중 측정된 지능형 다짐값은 대상 지반의 강성 평가에 사용 가능하나, 해석에 유의하여야 한다. 따라서 시스템은 더블 점프 발생 여부를 평가하여 발생 여부를 각 셀의 속성값으로 할당할 수 있어야 한다. 또한, 측정된 지능형 다짐값에 기 결정한 지능형 다짐값의 이상치 판단 기준을 적용하여 이상치 판단 결과를 표시할 수 있다.

- 측정 시스템은 EDP(Electronic Data Processing)와 호환되어야 하며, 이를 통해 데이터 저장 및 후속 평가가 가능해야 한다.

- 필요한 다짐롤러 매개 변수의 입력이 가능해야 하며, 규정 준수를 문서화해야 한다.

- 시스템은 측정된 정보를 운전자가 시공 중 확인 가능하도록 명료하게 온보드 디스플레이에 나타낼 수 있어야 한다. 또한, 각 시공 현장에서 수행한 결과를 문서화하고 저장 및 전송할 수 있어야 한다.

(2) 지능형 다짐값 측정 시스템의 시스템 설정

- 측정 시스템은 시공범위, 메시(관리 단위), GNSS 오프셋 양, 다짐폭, 과다짐되는 다짐횟수 등을 다음과 같이 설정할 수 있어야 한다.
  ① (시공범위) 다짐을 행하는 범위의 외주 라인을 시공범위로 입력한다. 입력한 시공 범위를 나타내는 라인이 성토 범위의 평면도상의 올바른 위치에 표시되는지 지능형 다짐값 측정 시스템에서 확인한다.
  ② (메시) ①에서 설정된 시공범위 내 영역을 0.5m × 0.5m 이상의 해상도를 갖는 정사각형 메시(mesh)로 분할한다. 사용되는 지능형 다짐값 측정 시스템의 종류에 따라 메시의 해상도는 차이가 있을 수 있다((예시) 0.3m × 0.3m 혹은 0.5m × 0.5m).
  ③ (GNSS 오프셋 양) 그림 3.6과 같이 측위가 수행되는 GNSS 수신용 안테나의 위치와 지능형 다짐값이 측정되는 드럼의 위치는 차이가 있다. 따라서 높이 및 길이 방향으로 오프셋 양을 측정해 시스템에 입력한다.
  ④ (다짐폭) 다짐롤러의 드럼 폭을 실측하여 다짐폭으로 입력한다. 지능형 다짐 데이터는 입력된 다짐폭에 따라 메시에 저장된다(그림 3.7).
  ⑤ (과다짐되는 다짐횟수) 지반을 과도하게 다짐하게 되면 토사의 입자파쇄 및 구조적 파괴 등으로 인해 강성이 감소하는 현상이 발생할 수 있다. 시험시공 등을 통해 과다짐이 되는 다짐횟수가 결정되었다면, 이를 시스템에 입력한다. 시스템에서 위치별 다짐횟수를 색상으로 표시할 수 있도록 하여 과다짐이 되는 다짐횟수 이상의 다짐이 실시되는 것을 방지한다(그림 3.8).

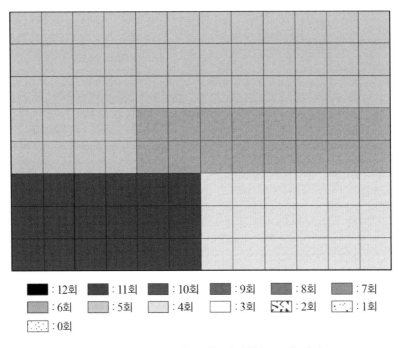

| ■ : 12회 | ■ : 11회 | ■ : 10회 | ■ : 9회 | ■ : 8회 | ■ : 7회 |
| ■ : 6회 | ■ : 5회 | □ : 4회 | □ : 3회 | ▨ : 2회 | ⦂ : 1회 |
| ⦂ : 0회 |

그림 3.8 색상 구분을 통한 다짐횟수 표시 예시

3.3 시험시공

3.3.1 사전확인 사항

> 지능형 다짐을 수행하기 전, 본 지침의 3.1.2 적용범위와 3.2 요구사항에 기술되어 있는
> 사항들의 만족 여부를 확인해야 한다.

해설

시험시공은 본격적인 토공사에 앞서 지능형 다짐 적용 가능 여부를 확인하고 시공조건
을 결정하기 위해서 소규모 영역에서 수행한다. 지능형 다짐 적용 가능 여부는 본 지침의
3.1.2 적용범위와 3.2 요구사항에 기술되어 있는 다음과 같은 사항들의 만족 여부에 따라 결

정된다.

- 시공면적이 $2,000m^2$ 이상이고 폭 8m 이상인 도로, 철도, 비행장, 단지조성 등의 토공사에 적용한다.
- 고정밀 GNSS는 현장 환경에 따라 장애 요인, 기능 저하 등이 발생할 여지가 많다. 시스템의 올바른 운용을 위해 무선 통신환경이 양호하고 충분한 위성 포착 수가 얻어져야 한다.
- 성토재료는 표 3.3의 요건을 만족해야 하며, 시공 함수비는 최적 합수비의 ±2% 이내여야 한다. 산업부산물을 쌓기 재료로 이용하는 경우와 암쌓기, 비탈면 다짐공사에는 적용하지 않는다.
- 지능형 다짐 시스템이 부착된 약 10ton 중량의 단일 드럼 진동롤러를 다짐장비로 사용하는 토공사에 적용한다. 다짐롤러는 운행 속도, 드럼의 진폭 및 진동수를 일정하게 유지할 수 있어야 한다.
- 표준적인 지능형 다짐 시스템(Ammann의 ACE-Plus, Bomag의 BCM05, Caterpillar와 Trimble의 AccuGrade, Leica의 iCON, Dynapac의 DCA, Sakai의 Aithon MT 등)을 이용해야 한다. 새롭게 개발된 지능형 다짐 시스템을 적용하고자 하는 경우에는 장비 제조업체에서 제시하는 별도의 시공 방법과 품질관리 방법에 대하여 공사감독자의 승인을 얻어야 한다.
- 지능형 다짐 시스템은 지능형 다짐을 위해 필요한 필수적인 품질 데이터를 저장 및 분석하는 기능을 보유하고 있어야 한다.

앞서 설명한 사전확인 사항은 부록 2와 부록 3의 체크리스트를 이용해 점검한다. 점검을 통해 지능형 다짐 적용이 가능하다고 판단되는 경우, 지능형 다짐 측정 시스템의 설정값을 현장 조건을 고려해 적절히 입력하고 정상 작동 여부를 확인한다.

3.3.2 시험시공 절차

시험시공을 통해 토공사의 시공조건을 결정한다. 시험시공은 부지 준비–성토재료 포설–지
능형 다짐–품질시험의 절차에 따라 진행한다.

해설

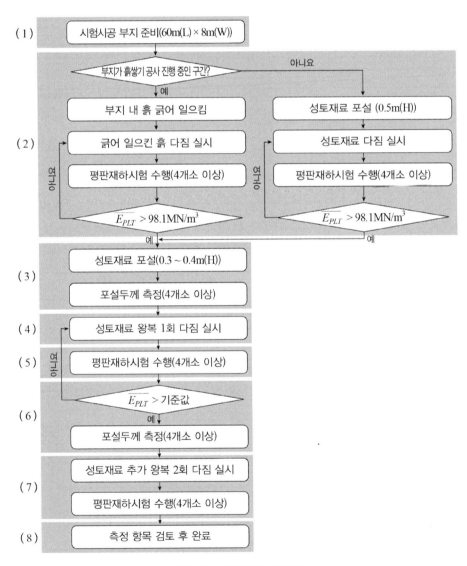

그림 3.9 시험시공 절차도

시험시공은 토공사의 시공조건을 결정하기 위해 수행한다. 여기서 토공사의 시공조건은 공사에 사용되는 성토재료와 다짐롤러에 대해 소정의 품질을 담보할 수 있는 다짐횟수, 포설두께, 지능형 다짐값 등을 의미한다.

본 시공에 앞서 상대적으로 작은 면적에 대해 지능형 다짐을 실시한다는 점에 있어서, 시험시공은 공사에 사용되는 성토재료와 진동롤러에 대한 일종의 승인 시험의 의미도 있다. 시험시공은 본 시공의 일부가 될 수도 있다. 그림 3.9는 시험시공 절차도를 나타낸다.

(1) 토공사 구간 내 길이 60m, 폭 8m 이상인 평평한 부지를 준비한다(그림 3.10).

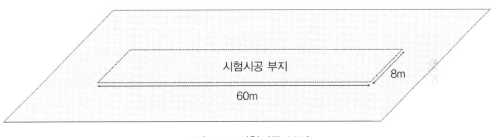

그림 3.10 시험시공 부지

(2) 시험시공 부지 전체에 성토재료를 0.5m 이상 포설한 뒤 적정 다짐도를 확보할 때까지 다짐을 실시한다(그림 3.11). 적정 다짐도는 공사감독자가 승인한 최소 4개소의 위치에서 평판재하시험을 실시해 확인한다. 이는 지능형 다짐의 측정 깊이가 10ton 진동롤러를 기준으로 약 0.6~1.0m 정도이기 때문에 불균질할 것으로 예상되는 원지반의 영향을 최소화하기 위함이다. 시험시공 부지가 토공사가 이미 진행되고 있는 구간에

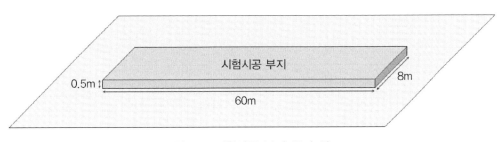

그림 3.11 시험시공 부지 준비 성토

위치하여 원지반이 균질할 것으로 판단되는 경우는 최소한 0.15m 깊이까지 흙을 긁어 일으킨 후 적정 다짐도를 확보할 때까지 다짐을 실시한다.

(3) 시험시공 부지에 성토재료를 0.3~0.4m 두께로 포설하고(그림 3.12), 다짐 전 성토재료의 두께(포설두께)를 측량 막대자 등을 이용해 4개소 이상에서 측정한다(측정 위치 표시). 이는 다짐 전후 성토재료의 두께를 비교해 포설 두께를 결정하기 위함이다. 다짐 전 측정된 포설두께의 최댓값과 최솟값은 10% 이내로 한다.

그림 3.12 시험시공 부지 성토

(4) 지능형 다짐롤러를 이용해 다짐을 실시한다. 그림 3.13과 같이 시험시공 부지는 n개의 스트립(strip)으로 분할되어야 하며 하나의 스트립의 폭은 진동롤러 드럼의 폭과 유사하게 결정한다. 각각의 스트립을 따라 전·후진 왕복 1회씩 다짐을 실시한다. 스트립 간 중첩 너비는 0.1m 이하로 하며, 부지 전체의 다짐횟수는 균등해야 한다.

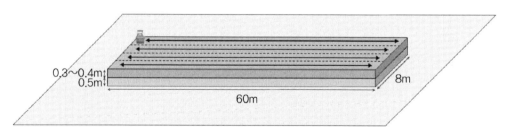

그림 3.13 시험시공 부지 다짐 절차

(5) 시험시공 부지 전체의 왕복 1회 다짐(다짐횟수를 기준으로 2회 다짐)이 완료될 때마

다 최소 4개소의 위치에서 평판재하시험(KS F 2310)을 수행해 지지력 계수를 측정한다. 평판재하시험을 성토 법면과 가까운 곳에서 수행하는 경우 성토체의 다짐도를 대표할 수 없을 가능성이 높기 때문에 성토 법면의 영향을 받지 않는 위치에서 평판재하시험을 수행해야 한다. 평판재하시험의 위치는 더블점프가 발생되지 않으면서 낮은, 중간, 높은 지능형 다짐값을 나타내는 곳을 최소 1개소씩 포함하도록 결정한다(그림 3.14). 평판재하시험이 수행된 위치의 좌표는 로버를 사용하여 측정한다.

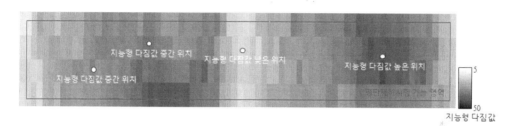

그림 3.14 평판재하시험 수행 위치 예시

(6) 지지력 계수의 평균값이 소정의 기준 이상이 될 때까지 왕복 다짐을 실시한다. 소정의 기준 이상이 되는 다짐횟수가 나타나면(그림 3.15), 다짐 전 성토재료의 두께를 측정했던 위치에서 성토재료의 두께(마무리 두께)를 측량 막대자 등을 이용해 측정한다.

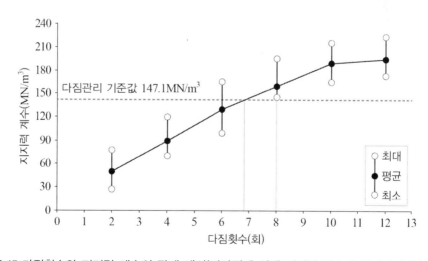

그림 3.15 다짐횟수와 지지력 계수의 관계 예시(과다짐에 의해 지지력 감소가 나타나지 않는 경우)

이는 다짐 전후 성토재료의 두께를 비교해 포설 두께를 결정하기 위함이다.

※ 소정의 기준(예: 아스팔트 포장 시 노체 및 노상 각각 $147.1MN/m^3$, $196.1MN/m^3$, 시멘트 포장 시 노체 및 노상 각각 $98.1MN/m^3$, $147.1MN/m^3$)

(7) 소정의 기준 이상이 되는 다짐횟수를 찾은 뒤, 왕복 2회 다짐을 더 실시해 과다짐에 따른 지지력 감소 여부를 확인한다. 과다짐에 따른 지지력 감소 여부가 확인된다면 본 시공에서의 다짐횟수 상한치를 결정할 수 있다.

(8) 표 3.5에 기술된 사항을 확인한 뒤 시험시공을 종료한다.

표 3.5 시험시공을 통한 확인 항목 및 빈도

항목	내용	빈도	비고
성토재료 두께	두께	다짐 전 4개소 이상 다짐 완료 후 4개소 이상	(3), (6)
평판재하시험	지지력 계수, 좌표	다짐 전 4개소 이상 왕복 다짐 1회마다 4개소 이상	(2), (5), (7)
지능형 다짐	지능형 다짐값, 좌표 (다짐롤러 속도, 드럼의 진폭과 진동수)	다짐 시 전체 부지	(4), (6), (7)

3.3.3 시공관리 기준 결정

시험시공을 통해 토공사의 시공관리 기준을 결정한다. 토공사의 시공조건은 공사에 사용되는 성토재료와 다짐롤러에 대해 소정의 품질을 담보할 수 있는 다짐횟수, 포설두께, 지능형 다짐값 등을 의미한다.

해설

시험시공을 통해 소정의 품질을 담보할 수 있는 시공관리 기준(다짐횟수, 포설두께, 지능형 다짐값)을 결정한다. 시공관리 기준은 시험시공에 적용된 성토재료와 다짐롤러에 대해서만 유효하며, 이들이 변화하는 경우에는 시험시공을 재수행해 새로운 관리 기준을 설정해야 한다. 시공기준 결정 방법은 다음과 같다.

(1) 다짐횟수

평판재하시험을 통해 측정된 지지력 계수 평균과 다짐횟수의 그래프를 구한다(측정값 사이는 선형 보간). 지지력 계수가 다짐관리 기준값을 만족하는 지점을 찾고 이를 올림해 '목표 다짐횟수'를 결정한다. 또한 다짐관리 기준값 만족 후 추가로 다짐을 수행했을 때 지지력 감소가 나타났다면, 과다짐을 방지하기 위한 다짐횟수 상한값을 제시해야 한다.

그림 3.15는 시험시공을 통해 측정된 지지력 계수와 다짐횟수의 관계의 예시이다. 아스팔트 포장 시 노체를 기준으로 다짐관리 기준 지지력 계수는 $147.1\mathrm{MN/m^3}$ 이다. 기준을 만족하는 다짐횟수는 6.9회이며, 이를 올림한 '목표 다짐횟수'는 7회이다. 다짐관리 기준값 만족 후 추가 다짐 시 지지력 감소가 나타나지 않았으므로 다짐횟수 상한값은 제시하지 않는다.

그림 3.16은 과다짐 시 지지력 감소가 나타나는 예시이다. 그림 3.15와 달리 다짐관리 기준값 만족 후 추가 다짐 시 다짐횟수 10회 이후에서 지지력 감소가 나타났다. 따라서 다짐횟수 상한값을 10회로 제시한다.

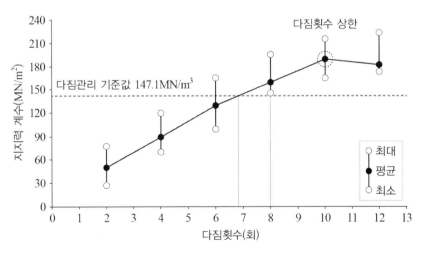

그림 3.16 다짐횟수와 지지력 계수의 관계 예시(과다짐에 의해 지지력 감소가 나타나는 경우)

(2) 포설두께

시험시공 시 4개소 이상에서 다짐 전후 성토재료의 두께를 측정한다. 이때, 다짐 전후 성토재료의 두께를 측정하는 위치는 동일해야 한다.

다짐 전 성토재료 두께(시험시공 포설두께)와 지지력 계수가 다짐관리 기준값을 만족시켰을 때의 성토재료 두께(시험시공 마무리 두께)를 이용해 목표 포설두께를 다음 식으로 산정한다. 4개소 이상에서 산정된 목표 포설두께의 평균값을 본 시공에 적용한다. 산정된 값은 소수 첫째 자리에서 반올림한다.

목표 포설두께 = 소정의 마무리 두께 × (시험시공 포설두께/시험시공 마무리 두께)

※ 소정의 마무리 두께(예: 노체 300mm 이하, 노상 200mm 이하)

표 3.6은 시험시공 시 총 4개소에서 측정된 다짐 전후 성토재료 두께의 예시이다. 위 식을 이용하면 아래 표와 같이 포설두께를 산정할 수 있는데, 본 시공 구간의 노체와 노상에 적용할 포설두께는 산정된 값의 평균인 386mm와 257mm가 된다. 즉, 노체 및 노상 구간 시공 시 각각 386mm 및 257mm 이하의 두께로 성토재료를 포설한 뒤 다짐을 실시한다.

표 3.6 시험시공을 통한 성토재료 포설두께 결정 예시

구분	위치 1	위치 2	위치 3	위치 4	평균
포설두께(mm)	400	385	390	405	395
마무리 두께(mm)	315	285	310	320	308
[노체] 본 시공 포설두께(mm)	381	405	377	380	386
[노상] 본 시공 포설두께(mm)	254	270	252	253	257

(3) 지능형 다짐값

지지력 계수와 지능형 다짐값의 선형회귀식을 이용해 '목표 지능형 다짐값'을 결정한다. 선형회귀식 도출 시, '목표 다짐횟수'를 결정할 때까지 측정된 지지력 계수와 지능형 다짐값만을 이용한다('목표 다짐횟수' 결정 후 추가 왕복 2회 다짐 시 측정된 지지력 계수와 지능

형 다짐값은 선형회귀식 도출에 이용하지 않음).

그림 3.17과 같이, 지지력 계수는 평판재하시험이 수행된 지점에서 측정되고 지능형 다짐값은 다짐이 수행된 전 구간에서 설정된 메시(mesh)의 간격마다 측정된다. 지능형 다짐의 높은 변동성으로 인해 현장 품질시험 결과(평판재하시험에 의한 지지력 계수 등)와 지능형 다짐값의 1:1 대응으로 구한 선형회귀식의 성능은 나쁘다고 알려져 있다. 따라서 평판재하시험이 수행된 위치로부터 특정한 거리만큼 떨어진 관심영역(Region of Interest, ROI)에서 내에서 측정된 지능형 다짐값의 평균을 선형회귀분석에 사용한다.

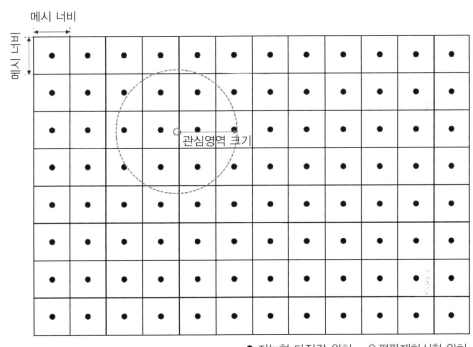

● 지능형 다짐값 위치   ○ 평판재하시험 위치

그림 3.17 지능형 다짐값과 지지력 계수의 선형회귀분석을 위한 관심영역

지지력 계수와 지능형 다짐값 간 선형회귀식 결정계수는 0.7 이상이어야 한다. 관심영역의 크기에 따라 선형회귀식의 결정계수가 달라지는데, 결정계수가 가장 높게 나오는 관심영역(이하 최적 관심영역)의 크기를 적용해 선형회귀분석을 수행할 것을 추천한다. 그림 3.18은 관심영역의 크기에 따른 선형회귀식의 결정계수를 나타낸 예시로, 관심영역의 크기

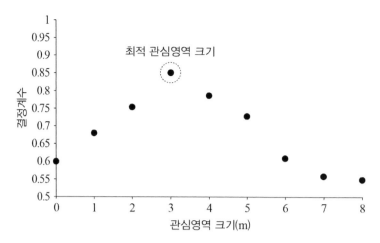

그림 3.18 관심영역의 크기에 따른 선형회귀식의 결정계수 변화 예시

가 3.0m일 때 결정계수가 최대이다. 이 경우 평판재하시험이 수행된 위치로부터 3.0m 이내에서 측정된 지능형 다짐값의 평균과 지지력 계수의 상관관계를 분석한다. 최적 관심영역의 크기는 현장에 따라 달라질 수 있다.

지지력 계수와 최적 관심영역 내 지능형 다짐값의 평균 간의 선형회귀식에 다짐관리 기준이 되는 지지력 계수를 대입해 지능형 다짐값을 산정하고, 소수 첫째 자리에서 반올림하여 '목표 지능형 다짐값'으로 사용한다. 그림 3.19는 지지력 계수와 지능형 다짐값의 상관관계 분석의 예시이다. 지지력 계수와 지능형 다짐값의 선형회귀식은 $y = 0.208x + 7.381$이

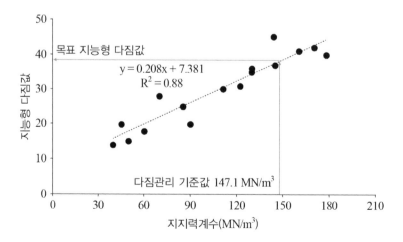

그림 3.19 선형회귀식을 이용한 '목표 지능형 다짐값' 결정 예시

다. 아스팔트 포장 시 노체의 다짐관리 기준 지지력 계수는 $147.1\text{MN}/\text{m}^3$이며, 이를 선형회귀식의 x값으로 대입하면 지능형 다짐값 38.3이 산정된다. 이 값을 소수점 첫째 자리에서 반올림하면 '목표 지능형 다짐값'은 38로 결정된다.

3.3.4 시험시공 결과 보고서 작성

> 성토재료에 대한 토질시험 및 시험시공 결과를 보고서로 작성한다. 시험시공을 통해서 해당 토공사의 지능형 다짐 적용 가능 여부와 다짐시공 기준을 결정해야 하므로, 자료가 정리되는 대로 신속하게 공사감독자에게 제출해야 한다.

해설

시험시공 완료 후 결과 보고서를 작성한다. 시험시공에서 이용된 성토재료, 다짐롤러, 지능형 다짐장비 등의 사양을 통해 소정의 품질을 만족할 수 있는 시공 조건(포설 두께, 다짐 횟수, '목표 지능형 다짐값')이 결정되므로, 자료가 정리되는 대로 신속하게 공사감독자에게 제출해야 한다.

시험시공 결과 보고서는 다음과 같은 내용들로 구성된다.

(1) 토질시험 보고서

토질시험 보고서에는 시험시공에 사용된 성토재료에 대해 다음과 같은 사항을 기술한다. 사용예정 재료의 종류가 복수인 경우에는 각각의 보고서를 작성한다.

• 기본 물성시험을 통한 입도분포곡선, 통일분류, 최대/최소 다짐도, 비중 등

• 성토재료로서 적정성 평가(쌓기 표준시방서(KCS 11 20 20, 2023) 참조)

• 다짐시험을 통한 다짐곡선과 소정의 다짐도를 얻을 수 있는 함수비의 범위

• 각종 시험 결과를 나타낸 데이터 시트 등

(2) 시험시공 보고서

시험시공 보고서에는 다음과 같은 내용이 포함되어야 한다. 사용예정 재료의 종류가 복수인 경우에는 각각의 보고서를 작성한다.

[시험시공 개요]

• 공사명, 시험 연월일, 시험의 목적

• 시험시공에 사용한 성토재료의 종류(토취장명, 토질명 등)

• 시험시공에 사용한 다짐장비의 종류, 규격, 성능

• 시험시공에 사용한 지능형 다짐 장치와 시스템의 종류, 규격, 성능

[시험시공 조건]

• 시험시공 부지의 위치와 크기

• 시험시공에 이용된 다짐장비의 구동조건

• 시험시공에 이용된 지능형 다짐 장치와 시스템의 설정

• 시험시공 절차 및 시험 종류(지능형 다짐값 측정, 포설두께 측정, 평판재하시험 등)

• 시험 위치(포설두께 측정 및 평판재하시험 위치 등)

[시험시공 결과]

• 다짐횟수와 각 시험 항목(지지력 계수, 지능형 다짐값, 포설두께 등)의 관계(표, 그래프 등)

• 소정의 품질이 확보되는 다짐횟수

•(과다짐에 의해 지지력 감소가 나타나는 토질의 경우) 다짐횟수의 상한치

• 마무리 두께 및 소정의 마무리 두께가 얻어지는 포설두께

•'목표 지능형 다짐값'

• 각종 시험 결과를 나타낸 데이터 시트 등

[시스템 작동 확인 결과]

- 다짐횟수 분포도
- 지능형 다짐값 분포도

3.4 본 시공

3.4.1 사전확인

시험시공을 통해 지능형 다짐의 적용 가능 여부를 확인했으므로, 시험시공 구간과 본 시공 구간의 차이를 점검하는 데 중점을 둔다. 지능형 다짐의 성과에 영향을 주는 요소에 차이가 확인된다면 시험시공을 재실시해야 한다.

해설

대상 토공사에 지능형 다짐의 적용 가능 여부는 시험시공을 통해 확인된다. 본 시공을 수행하기에 앞서 시험시공 구간과 본 시공 구간의 차이를 점검해야 한다. 만일 지능형 다짐 성과에 영향을 주는 요소(성토재료, 다짐롤러, 지능형 다짐 시스템 등)에 차이가 확인된다면 시험시공을 재실시해야 한다.

본 시공에 대한 사전확인 사항은 다음과 같다.

(1) 성토재료의 종류 및 함수비

성토재료의 종류와 함수비는 지반의 다짐특성 및 강성(지능형 다짐값 등)에 큰 영향을 미친다. 시험시공에 사용된 성토재료와 본 시공에 사용되는 성토재료의 종류 및 함수비가 유사해야만, 시험시공에서 결정된 시공조건(다짐횟수, 포설두께, 지능형 다짐값)을 본 시공에 적용할 수 있다.

따라서 지능형 다짐 시 성토재료의 품질 확인이 특히 중요하며, 재료 반입 시에는 성상의 변화에 세심한 주의를 기울일 필요가 있다. 육안으로 색상 확인이나 촉감 등에 의한 성상 확인, 기타 수단을 통해 쌓기에 사용하는 재료가 사전 토질시험 및 시험시공에서 품질·시공사양을 확인한 재료와 동일한 토질임을 확인하고, 만약 토질이 현저하게 다른 경우 그 재료에 대한 토질시험과 시험시공을 재실시한다.

또한 기상 변화로 인해 쌓기 재료의 함수비가 정해진 목표 함수비 범위를 벗어날 경우에는 살수를 하거나 건조하는 등의 조치를 취해 함수비를 조정한다.

(2) 지능형 다짐롤러

본 시공에서는 시험시공에서 사용된 다짐롤러를 동일한 운용조건(운행속도, 드럼의 진폭 및 진동수)으로 사용한다. 단, 부득이한 이유로 대체 다짐롤러를 이용할 경우에는 다짐롤러의 규격 및 드럼의 진동 특성(기진력, 전압, 진동수 등)이 동등하다는 것이 증명되어야 한다. 또한 다짐롤러에는 시험시공에서 사용된 것과 동일한 지능형 다짐 시스템이 적용되어야 한다.

(3) 지능형 다짐 시스템의 설정 및 GNSS 측위

지능형 다짐값 측정 시스템의 설정값(메시(관리 단위), GNSS 오프셋 양, 다짐폭, 과다짐되는 다짐횟수 등)은 시공범위를 제외하고는 시험시공과 동일한 값을 입력해야 한다. 시공범위는 일일 작업량에 따라 2,000~4,000m^2 범위에서 설정한다. 본 시공구간의 품질은 설정된 시공범위로 분할하여 관리함에 유의해야 한다.

또한 시험시공에서와 같이 GNSS를 통해 다짐롤러의 위치 정보를 정해진 정확도 이내로 파악할 수 있는지 확인한다(부록 3 활용).

3.4.2 본 시공 절차

시험시공을 통해 결정된 시공조건에 따라 토공사를 실시한다. 본 시공은 부지 준비-성토재료 포설-지능형 다짐(필요 시 품질시험)의 절차에 따라 진행된다.

해설

시험시공을 통해 결정된 시공조건에 따라 토공사를 실시하며, 다음과 같은 사항을 유의한다.

- 일일 작업량에 따라 $2,000 \sim 4,000 \text{m}^2$ 단위로 쌓기 공사를 수행하여, 본 시공 부지의 면적이 이를 상회할 경우 $2,000 \sim 4,000 \text{m}^2$ 단위로 분할하여 관리한다.
- 노상부의 토공사 작업 시 1층 다짐 완료후의 두께가 200mm 이하, 노체부의 토공사 작업 시 1층 다짐 완료 후의 두께가 300mm 이하가 되도록 적정량의 쌓기 재료를 포설하고 다짐 작업을 수행한다. 시험시공을 통해 결정된 포설두께를 적용한다.
- 다짐롤러 운전자는 온보드 디스플레이 시스템에 표시되는 시공 부지의 단위 블록 전체 면적이 시험시공에서 결정된 다짐횟수만큼 다져졌음을 나타내는 색상이 될 때까지 다짐 작업을 수행한다. 과다짐이 염려되는 토질에서는 다짐횟수를 초과하여 다져지지 않도록 유의하며, 더불어 주행 경로를 고려하여 단위 블록 전체의 다짐횟수가 균등하게 증가하도록 다짐 작업을 수행한다.
- 포착되는 위성의 개수가 순간적으로 적어지거나 위성의 배치가 나빠 일시적으로 위치정보의 정확도가 낮아질 경우 일시적으로 작업을 중단한다.
- 시험시공으로부터 결정된 ① 다짐횟수 혹은 ② 지능형 다짐값을 기반으로 다짐품질을 관리한다.
  ① 다짐횟수를 품질관리 항목으로 적용하는 경우에는 본 시공 구간을 목표한 다짐횟수만큼 다짐한 뒤, 낮은 지능형 다짐값이 집중적으로 분포하는 지역(다짐품질 취약 지역)의 중앙부에서 평판재하시험을 실시해 규정치를 만족하는지를 확인한다.
  ② 지능형 다짐값을 품질관리 항목으로 적용하는 경우에는 본 시공 구간에서 측정된 지능형 다짐값이 '목표 지능형 다짐값'을 기준으로 설정된 다짐 품질관리 조건을 만족하는지 여부를 확인한다.
- 본 시공 절차를 요약하면 다음과 같다.

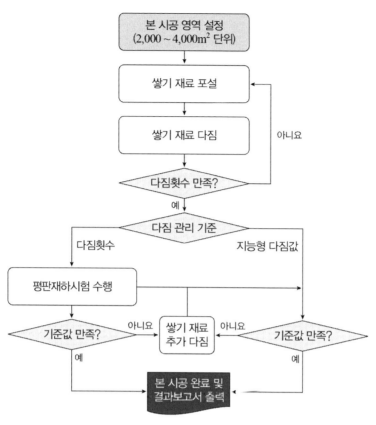

그림 3.20 본 시공 절차도

3.4.3 다짐도 검사

시험시공으로부터 결정된 다짐횟수 혹은 지능형 다짐값을 기반으로 다짐품질을 관리한다. 다짐횟수를 기반으로 하는 경우에는 본 시공 구간을 목표한 다짐횟수만큼 다짐한 뒤, 낮은 지능형 다짐값이 집중적으로 분포하는 지역의 중앙부에서 평판재하시험을 실시해 규정치를 만족하는지를 확인한다 지능형 다짐값을 기반으로 하는 경우에는 본 시공 구간에서 측정된 지능형 다짐값이 '목표 지능형 다짐값'을 기준으로 설정된 다짐 품질관리 조건을 만족하는지 여부를 확인한다.

해설

지능형 다짐 시 시공 전 구간의 다짐횟수와 지능형 다짐값이 측정된다. 본 시공 구간의 다짐품질은 다짐횟수(및 평판재하시험) 혹은 지능형 다짐값을 기반으로 관리한다. 다짐횟수를 기반으로 관리하는 경우에도 평판재하시험 위치를 지능형 다짐값을 기반으로 결정하므로, 모든 경우에 대해 지능형 다짐값은 반드시 측정되어야 한다.

지능형 다짐값은 다짐롤러의 운행조건(운행속도, 드럼의 진폭과 진동수)과 드럼-지반 접촉상태가 급변하는 구간에서 이상치를 나타낼 수 있다. 본 지침에서는 시공 중 다짐롤러의 운행조건을 일정하게 유지하도록 규정하고 있으나, 다짐롤러가 출발, 정지, 방향전환을 하는 구간 등에서는 운행조건을 일정하게 유지할 수 없다. 또한 일정 수준 이상의 강성을 가진 지반에서는 드럼-지반 접촉상태가 더블 점프로 전환되는 것을 완벽히 방지하는 것은 사실상 불가능하다(부록 1). 따라서 지능형 다짐 시스템에 기록된 다짐롤러의 운행속도, 드럼의 진폭과 진동수, 더블 점프 유무를 바탕으로 지능형 다짐값 중 이상치를 확인해야 하며(표 3.4), 이상치로 판별되는 데이터는 다짐도 검사에 활용하지 않는다.

다짐횟수 혹은 지능형 다짐값을 사용하는 경우에 대한 다짐도 검사 절차는 다음과 같다.

(1) 다짐관리 기준으로 다짐횟수를 적용하는 경우

- 시공 부지의 단위 블록 전체 면적에 대해 시험시공에서 결정된 다짐횟수만큼 다짐 작업이 완료된 경우 평판재하시험을 통한 다짐도 검사를 수행한다.
- 다짐 단위별 1개소 이상의 위치에서 평판재하시험을 수행하고, 기준 지지력 계수를 만족하는지 확인한다. 시험을 수행하는 위치는 지능형 다짐값을 근거로 하여 '목표 지능형 다짐값'보다 낮은 지능형 다짐값이 다수 분포하는 지역의 중앙 지점으로 결정한다.
- 평판재하시험 수행 결과, 쌓기 표준시방서(KCS 11 20 20, 2023)에 제시된 기준 밀도 또는 지지력 계수를 만족할 경우 다짐 시공을 종료한다.
- 평판재하시험 수행 결과, 쌓기 표준시방서(KCS 11 20 20, 2023)에 제시된 기준 밀도 또는 지지력 계수를 만족하지 못하는 경우 '목표 지능형 다짐값'보다 낮은 지능형 다짐값이 다수 분포하는 지역에 대해 추가 1회 왕복 다짐을 수행한 후 재시험을 실시한다.

(2) 다짐관리 기준으로 지능형 다짐값을 적용하는 경우

- 지능형 다짐값이 다음의 조건을 모두 만족하는지 확인한다.

  ① 측정된 평균 지능형 다짐값은 시험시공에서 다짐 판정기준으로 결정된 '목표 지능형 다짐값'의 105% 이상이어야 한다.

  ② 측정된 지능형 다짐값이 시험시공에서 다짐 판정기준으로 결정된 '목표 지능형 다짐값'의 70% 미만인 다짐장비 경로가 전체 경로의 10% 이하여야 한다.

- 그림 3.21은 다짐관리 기준으로 지능형 다짐값을 적용하는 경우, 다짐 품질 만족 여부를 나타내는 예시이다. Case A는 측정된 평균 지능형 다짐값이 '목표 지능형 다짐값'의 105% 이상이고, '목표 지능형 다짐값'의 70% 미만인 다짐장비 경로가 전체의 10% 이하이므로, 다짐 품질을 만족한다. 그러나 Case B는 측정된 평균 지능형 다짐값이 '목표 지능형 다짐값'의 105% 이하로 다짐 품질을 만족하지 않는다. 또한 Case C는 평균값은 만족하나 '목표 지능형 다짐값'의 70% 미만인 경로가 10% 이상이므로 다짐 품질을 만족하지 않는다.

- 해당 조건을 만족하지 못하는 경우, '목표 지능형 다짐값'보다 낮은 지능형 다짐값이 다수 분포하는 지역에 대해 추가 1회 왕복 다짐을 수행하고, 해당 조건을 만족하는지 재확인한다.

- 해당 조건을 만족하는 경우, 다짐 시공을 종료한다.

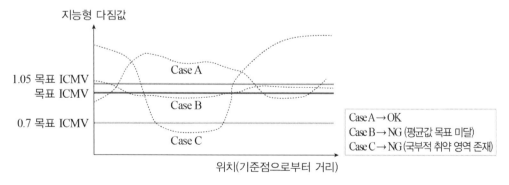

그림 3.21 지능형 다짐값 기반 다짐도 검사 예시

3.4.4 본 시공 결과 보고서 작성

> 본 시공에 대한 일반사항 및 본 시공 결과를 포함한 결과 보고서를 작성한다. 지능형 다짐 시스템에 기록된 계측 데이터(로그파일)는 전자매체로 보존하여야 한다.

해설

본 시공 완료 후 결과 보고서를 작성한다. 매회 다짐 종료 후에 지능형 다짐 시스템에 기록된 계측 데이터(로그파일)를 전자매체로 보존하고(그림 3.22), 현장 통합 관리 시스템에 전송한다. 계측 데이터 중, 다짐횟수 분포도와 주행 궤적도는 주어진 현장 전체 면적에 대해 '목표 다짐횟수'만큼 다짐을 수행한 것을 확인하기 위한 관리 장부로 활용될 수 있다(그림 3.23).

Data no.	Timestamp	Amplitude (in)	Frequency (vpm)	Pass Count	Speed (mph)	Impacts per foot	CMV	RMV
1	45463.44299	0.01	2790	1	0.96	33.06	51.8	0
2	45463.44299	0.01	2790	1	0.96	33.06	51.8	2
3	45463.44299	0.01	2790	1	0.96	33.06	51.8	0
4	45463.44299	0.01	2790	1	0.96	33.06	51.8	0
5	45463.44299	0.01	2790	1	0.96	33.06	51.8	0
6	45463.44299	0.01	2790	1	0.96	33.06	51.8	0
7	45463.44299	0.01	2790	1	0.96	33.06	51.8	0
8	45463.443	0.01	2790	1	0.87	36.43	51.8	0
9	45463.443	0.01	2790	1	0.87	36.43	51.8	0
10	45463.443	0.01	2790	1	0.87	36.43	51.8	0
11	45463.44301	0.01	2838	1	0.74	43.6	34	0
12	45463.44301	0.01	2838	1	0.74	43.6	34	0
13	45463.44301	0.01	2844	1	0.64	50.14	36.9	0
14	45463.44302	0.01	2826	1	0.81	39.56	38.2	0
15	45463.44302	0.01	2826	1	0.81	39.56	38.2	1
16	45463.44302	0.01	2838	1	0.82	39.28	33.3	2
17	45463.44303	0.01	2826	1	0.87	37.12	27.3	0
18	45463.44303	0.01	2826	1	0.87	37.12	27.3	0
19	45463.44303	0.01	2820	1	0.9	35.58	28.4	2
20	45463.44304	0.01	2832	1	0.78	41.31	27.2	0

그림 3.22 지능형 다짐 시스템에 기록된 로그파일 예시

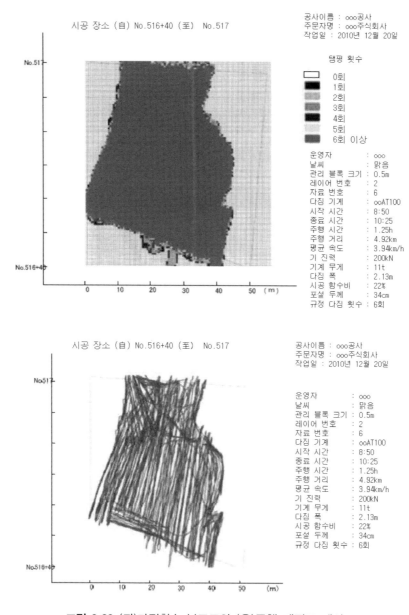

시공 장소 (自) No.516+40 (至) No.517

공사이름 : ㅇㅇㅇ공사
주문자명 : ㅇㅇㅇ주식회사
작업일 : 2010년 12월 20일

탬핑 횟수

☐	0회
■	1회
	2회
	3회
■	4회
	5회
	6회 이상

운영자 : ㅇㅇㅇ
날씨 : 맑음
관리 블록 크기 : 0.5m
레이어 번호 : 2
자료 번호 : 6
다짐 기계 : ㅇㅇAT100
시작 시간 : 8:50
종료 시간 : 10:25
주행 시간 : 1.25h
주행 거리 : 4.92km
평균 속도 : 3.94km/h
기 진력 : 200kN
기계 무게 : 11t
다짐 폭 : 2.13m
시공 함수비 : 22%
포설 두께 : 34cm
규정 다짐 횟수 : 6회

시공 장소 (自) No.516+40 (至) No.517

공사이름 : ㅇㅇㅇ공사
주문자명 : ㅇㅇㅇ주식회사
작업일 : 2010년 12월 20일

운영자 : ㅇㅇㅇ
날씨 : 맑음
관리 블록 크기 : 0.5m
레이어 번호 : 2
자료 번호 : 6
다짐 기계 : ㅇㅇAT100
시작 시간 : 8:50
종료 시간 : 10:25
주행 시간 : 1.25h
주행 거리 : 4.92km
평균 속도 : 3.94km/h
기 진력 : 200kN
기계 무게 : 11t
다짐 폭 : 2.13m
시공 함수비 : 22%
포설 두께 : 34cm
규정 다짐 횟수 : 6회

그림 3.23 (좌)다짐횟수 분포도와 (우)주행 궤적도 예시

본 시공 보고서에는 다음의 결과를 기재한다.

[본 시공 일반사항]

• 공사명, 수주 회사명

- 작업 날짜

- 다짐 롤러 모델명 및 시리얼 번호, 롤러 작업자 성명

- 관리 블록 크기

- 시공 개소, 단면 번호 또는 성토 층수 번호

- 성토재료 번호(토취장명, 토질명)

- 날씨, 목표 함수비 및 시공 함수비

- 목표 포설 두께, '목표 다짐횟수', '목표 지능형 다짐값'

[본 시공 결과]

- 시공 부지에 전체 면적에 대한 다짐횟수 분포도와 주행 궤적도

- 측정된 지능형 다짐값 원본 데이터

- 이상치가 제거된 다짐횟수별 지능형 다짐값

- 다짐횟수별 지능형 다짐값 분포도

- 현장 일점시험 원본 데이터 및 보고서

- 시공 날짜별 사전확인 체크리스트

지능형 다짐 사공 예시

지능형 다짐 시공 예시

본 장의 "지능형 다짐 시공 예시"는 시멘트 포장이 예정된 도로 노상 공사에 지능형 다짐 롤러를 적용하는 경우를 가정한다. 지능형 다짐을 국내 현장에 적용하고자 하는 실무자에게 도움이 되고자 가정된 현장조건에서 3장의 지능형 다짐 시공 지침을 기반으로 지능형 다짐을 수행하는 과정을 기술한 것이다. 본 장에서 제시된 자료 및 데이터는 실제의 계측 자료 및 데이터가 아님에 유의해야 한다.

4.1 현장조건

4.1.1 현장부지

그림 4.1은 대상 현장부지를 나타낸다. 너비와 길이가 각각 20m 및 1,000m인 도로 노상 부지로 원지반(도로 노체)으로부터 1m를 성토-다짐한 뒤 표면을 시멘트 포장할 예정이다. 따라서 대상 현장부지는 지능형 다짐을 적용할 수 있는 현장 조건(시공면적이 2,000m² 이상이고 폭 8m 이상인 도로, 철도, 비행장, 단지조성 등의 토공사에 적용)을 만족한다. 또한 대상 현장부지는 비교적 평평하며 위성의 전파를 방해할만한 요소(산지, 인접한 건물 및 법면 등)는 없다.

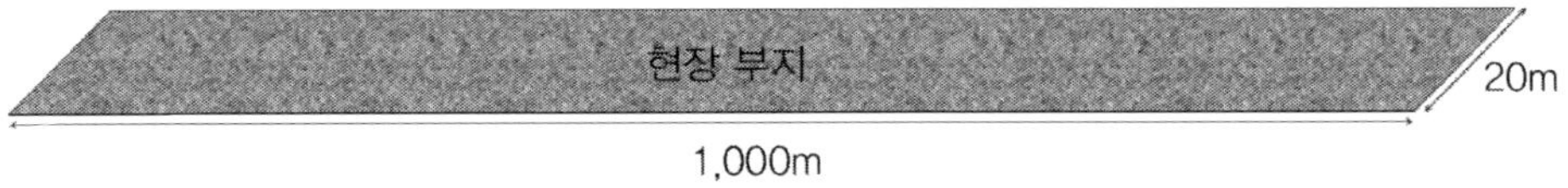

그림 4.1 대상 현장부지

대상 현장부지 인근에는 다량의 토사를 확보할 수 있는 토취장이 위치하고 있어 양질의 토사를 안정적으로 공급받을 수 있다. 쌓기 표준시방서(KCS 11 20 20, 2023)에 따라 성토-다짐 후 노상 한 층의 두께는 200mm가 되도록 하여, 총 다섯 층 성토-다짐을 실시한다. 하루에 성토-다짐하는 면적은 한 층 2,000m²로, 전체 부지(총 면적 20,000m² 및 총 두께 1m)를 성토-다짐하는 데 소요되는 기간은 약 50일이다.

4.1.2 장비

지능형 다짐롤러를 통한 성토-다짐 시공은 성토재료 운반, 포설, 다짐으로 진행된다. 토취장에서 굴삭기를 이용해 채취한 성토재료를 덤프트럭을 이용해 현장부지로 운반한다. 운반된 성토재료는 도저 및 그레이더를 이용해 적당한 두께로 평평하게 포설한 뒤, 지능형 다짐롤러를 통해 다짐한다. 지능형 다짐롤러를 제외하면, 이 과정에서 사용되는 굴삭기, 덤프트럭, 도저, 그레이더는 일반적인 성토-다짐 시공과 차이가 없으므로 자세한 설명은 생략한다.

그림 4.2는 다짐에 사용될 장비를 나타낸다. Bomag 사에서 제작된 단일 드럼 진동롤러인 BW 211D로 총 중량은 10,600kg, 드럼의 직경 및 너비는 각각 1.5m 및 2.1m, 진폭은 0.9mm(low) 혹은 1.8mm(high), 진동 주파수는 30Hz, 이동속도는 0~11km/h이다. 중량이 5,670kg인 드럼을 통해 진동하중을 발생시켜 지반을 다짐하는 장비이다.

진동롤러에는 Leica 사에서 제작된 iCON compaction 시스템을 부착한다. 그림 4.3과 같이 iCON compaction은 가속도계 기반의 지능형 다짐값 측정 장치, GPS 수신용 안테나, 온보드 디스플레이로 구성되어 있으며, 각각은 진동롤러의 드럼 축, 캐빈의 상단, 캐빈 내부에 설치한다. Leica의 iCON compaction 시스템은 다짐롤러 작업 중 1초에 1회 이상씩 날짜 및 시간, 좌표(동향거리, 북향거리), 다짐롤러의 다짐횟수, 진행방향, 속도, 가진 여부, 진

그림 **4.2** Bomag BW 211D

그림 **4.3** Leica iCON compaction

폭, 진동수, CMV, 더블 점프 여부 등을 도출하며, 0.3m × 0.3m의 해상도를 갖는 메시에 저장된다. 다짐롤러 운전자는 캐빈 내부에 설치된 온보드 디스플레이로부터 다짐롤러의 다짐 횟수, 속도, 진폭, 진동수, CMV 등을 실시간 확인할 수 있으며, 각각의 정보는 온보드 디스플레이에 숫자 혹은 그림으로 나타난다.

이상을 종합해 볼 때, 본 현장에서 사용될 예정인 지능형 다짐롤러는 3장에서 제시된 지능형 다짐을 위한 다짐롤러의 조건(표준적인 지능형 다짐 시스템이 부착된 10ton 중량의 단일 드럼 진동롤러로 운행 속도, 드럼의 진폭 및 진동수를 일정하게 유지할 수 있는 장비)을 만족한다.

4.1.3 성토재료

앞서 언급한 바와 같이 대상 현장부지 인근에는 다량의 균질한 토사를 확보할 수 있는 토취장이 위치하고 있다. 그림 4.4와 그림 4.5는 각각 실내시험으로부터 얻어진 성토재료의

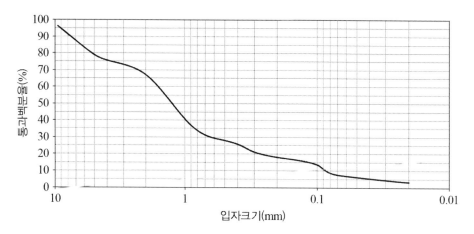

그림 4.4 성토재료의 입도분포곡선

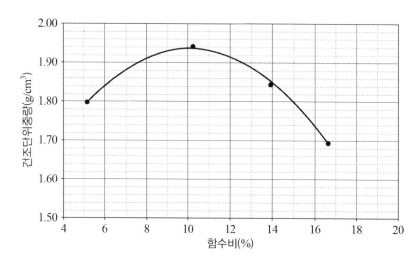

그림 4.5 성토재료의 다짐곡선

입도분포곡선(KS F 2302)과 다짐곡선(KS F 2312)을 나타낸다. 성토재료의 최대 입경은 92.0mm이며, 4번체(5mm 체) 및 200번체(0.08mm 체) 통과율이 각각 78.1% 및 7.6%이고 균등계수(C_u)와 곡률계수(C_c)가 각각 18.5와 2.9이다. 따라서 성토재료는 통일분류법(Unified Soil Classification System, USCS)에 따라 SW(입도분포가 좋은 모래)로 분류할 수 있다.

성토재료의 최대 건조단위중량과 최적 함수비는 각각 1.94g/cm^{3}과 10.2%이다. 따라서 시험시공 및 본 시공 구간의 시공 함수비는 최적 함수비의 ±2% 이내의 범위(8.2~12.2%) 내로 관리한다. 쌓기 표준시방서(KCS 11 20 20, 2023)에서 제시하는 도로 노상의 상대 다짐도 기준 95%(1.84g/cm^3)에 해당하는 수정 CBR은 58.2%로 나타났다.

앞서 설명한 사항을 고려할 때, 대상 현장에서 사용될 성토재료는 3장에서 제시된 지능형 다짐을 위한 성토재료의 요건을 만족한다(표 4.1)

표 4.1 지능형 다짐을 위한 성토재료의 요건

규격기준	기준값	측정값
최대치수(mm)	120 이하	92.0
수정 CBR	10 이상	58.2
5mm 체 통과율(%)	50 이상	78.1
0.08mm 체 통과율(%)	15 이하	7.6
소성지수	10 이하	N.P.

4.2 시험시공

4.2.1 사전확인

본격적인 토공사에 앞서 지능형 다짐 적용 가능 여부를 확인하고 시공조건을 결정하기 위해서 시험시공을 수행한다. 우선 지능형 다짐 시공 지침에 기술된 바와 같이 부록 2와 부록 3의 체크리스트를 이용해 지능형 다짐 적용 가능 여부를 점검하였고, 그 결과, 다음과 같이 대상 현장조건은 지능형 다짐 적용이 가능하다고 판단된다.

사전확인 체크리스트- 1

2020○년 ○월 ○일

공 사 명 : ○○도로 노상현장
회 사 명 : ○○건설
작 성 자 : 홍길동

항목	내용	결과
적용 조건 확인	토공사의 총 시공면적이 2,000m^2 이상, 폭이 8m 이상인가?	예
	토공사의 총 성토고가 1m 이상인가?	예
	진동롤러의 구동을 저해할 만큼의 경사면은 없는가?	예
	지능형 다짐을 위한 성토재료의 요건을 만족하는가?	예
	다짐 시 중량이 약 10ton인 단일 드럼 진동롤러를 사용하는가?	예
	표준적인 지능형 다짐 시스템(Ammann의 ACE-Plus, Bomag의 BCM05, Caterpillar와 Trimble의 AccuGrade, Leica의 iCON, Dynapac의 DCA, Sakai의 Aithon MT 등)을 이용하는가?	예
장비 적절성 확인	지능형 다짐 장치의 3가지 구성요소(GNSS, 지능형 다짐값 측정 장치, 온보드 디스플레이 시스템)를 모두 구비하고 있는가?	예
	지능형 다짐 장치와 온보드 디스플레이 시스템이 연계되는가?	예
	지능형 다짐 장치와 시스템의 성능이 최소 기준을 만족하는가?	예
	지능형 다짐 장치는 적절한 위치에 견고하게 부착되어 있는가?	예
장비 작동 확인	지능형 다짐 장치의 구성요소가 서로 연결되어 구동되며 온보드 문서 시스템과 연계되는가?	예
	온보드 디스플레이 시스템의 설정이 현장 조건(시공면적, 진동롤러의 크기, 지능형 다짐장치의 부착 위치 등)에 잘 맞춰져 있는가?	예
	지능형 다짐 장치를 통해 획득되는 데이터가 온보드 디스플레이 시스템에 올바르게 기록되는가?	예
	온보드 디스플레이 시스템을 통한 데이터의 저장, 전송 등이 원활한가?	예

사전확인 체크리스트- 2

2020○년 ○월 ○일

공 사 명 : ○○도로 노상현장
회 사 명 : ○○건설
작 성 자 : 홍길동

항목	내용	결과
적용 조건 확인	다짐장비가 지능형 다짐에 적합한 단일드럼 진동롤러인가?	예
	진동 다짐을 반복해 다짐 품질을 향상시킬 수 있는 성토재료인가?	예
시스템 운용 장애에 관한 사전 조사	무선 통신 장애 발생 가능성은 없는가? → 낮은 위치에 고압선 등의 가선(공중에 걸려 있는 송전선이나 통신용 전화선 등)이 없는지, 기지·공항 등이 근처에 있는지	예
	위치측정 상태에 문제는 없는가? → 정확한 측위를 위해 필요한 위성 포착수(GPS의 경우 5개 이상)는 확보할 수 있는 상황인지?	예
정확도 확인	GNSS 측량 기기가 다음의 성능을 만족하고 있음을 확인할 수 있는 기기 제조사 등이 발행한 서류(증명서, 카탈로그, 성능규격 등)가 있는가? 수평 (xy) ± 20mm, 수직 (z) ± 30mm	예
	기지 좌표(공사 기준점)와 GNSS 계측 좌표가 일치하고 있는지?	예
기능 확인	① 다짐 판정/표시 기능 • 다짐장비가 관리 블록 위를 통과할 때마다 해당 관리 블록이 1회 다져졌다고 판정하고, 온보드 디스플레이 시스템에 표시되는지? • 관리 블록별로 누적 다짐횟수가 온보드 디스플레이 시스템에 표시되는지? • 시공과 거의 동시에 다짐횟수 분포도를 화면 표시할 수 있는지?	예
	② 시공 범위 분할 기능 • 시공 범위를 소정 크기(0.5m × 0.5m 이하)의 관리 블록으로 분할 할 수 있는지?	예
	③ 다짐 폭 설정 기능 • 다짐롤러의 폭을 임의로 설정할 수 있는지?	예
	④ 오프셋 기능 • 다짐기계의 위치 좌표 취득 부분과 실제 다짐 위치와의 관계를 오프셋 할 수 있는지?	예
	⑤ 시스템의 기동 및 데이터 취득 기능 • 데이터의 취득·비취득을 시공 중에 적절히 전환할 수 있는지? • 진동이 있을 때만 위치 좌표를 취득하게 되어 있는지?	예

시험시공을 수행하기 전 현장 조건을 고려하여 지능형 다짐값 측정 시스템의 설정값(시공 범위, 메시, GPS 오프셋 양, 다짐폭, 과다짐되는 다짐횟수 등)을 다음과 같이 입력한다. 과다짐되는 다짐횟수는 시험시공을 통해 결정되어야 하는 사항이므로, 시험시공이 완료된 후 시스템에 추가로 입력한다.

① (시공범위) 시험시공 부지의 위치 및 크기를 고려해 시공범위를 그림 4.6과 같이 결정한다. 시공범위는 직사각형 모양으로 설정되는데, 직사각형의 네 꼭지점의 좌표를 로버를 이용해 측정한 뒤 입력한다. 시공범위를 시험시공 부지의 크기(60m × 8m)보다 약간 더 크게 입력하여 모든 시험시공 데이터가 저장될 수 있도록 한다.

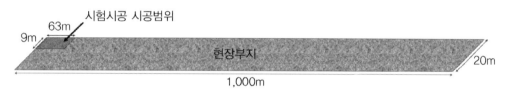

그림 4.6 시험시공을 위한 시공범위 입력

② (메시) ①에서 설정된 시공범위 내 영역을 0.3m × 0.3m의 해상도를 갖는 정사각형 메시(mesh)로 분할한다. 시공범위의 크기가 63m × 0.9m이므로, 총 6,300개의 메시로 분할된다.

③ (GPS 오프셋 양) 그림 4.7과 같이 다짐롤러 캐빈 상단에 부착된 GPS 수신용 안테나의 위치는 드럼-지반 접촉면의 중심부와 높이 및 길이 방향으로 각각 3.0m 및 1.3m의 차이가 있다. 두 값을 각각 높이와 길이 방향 오프셋 양으로 입력한다.

④ (다짐폭) 실측한 다짐롤러의 드럼 폭 2.1m를 다짐폭으로 시스템에 입력한다(그림 4.7). 지능형 다짐 데이터는 입력된 다짐폭에 따라 메시에 저장된다.

⑤ (과다짐되는 다짐횟수) 지반을 과도하게 다짐하게 되면 토사의 입자파쇄 및 구조적 파괴 등으로 인해 강성이 감소하는 현상이 발생할 수 있다. 시험시공을 통해 과다짐이 되는 다짐횟수를 결정하고, 이를 시스템에 입력한다. 과다짐을 유발하는 다짐횟수에 도

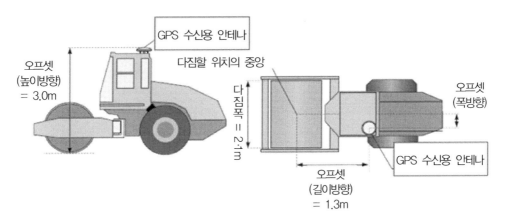

그림 4.7 GPS 오프셋 양과 다짐폭 측정

달한 영역은 온보드 디스플레이에서 검정색으로 표시하여 다짐롤러 운전자가 즉각적으로 확인할 수 있도록 한다.

4.2.2 시험시공 수행

지능형 다짐 시공 지침에 기술된 절차에 따라 다음과 같이 시험시공을 수행하여 토공사의 시공조건을 결정한다. 다짐롤러는 3km/h의 운행속도로 일정하게 작업하며, 작업 중 드럼의 진폭과 진동수는 각각 0.9mm 및 30Hz로 일정하게 유지한다.

① 그림 4.8과 같이 대상 부지 내 길이 60m, 폭 8m 이상인 평평한 부지를 준비한다.

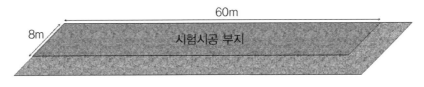

그림 4.8 시험시공 부지

② 대상 부지는 도로 노상 공사 현장으로 원지반은 양질의 토사를 성토-다짐해 만들어진 도로 노체이다. 즉, 시험시공 부지가 토공사가 이미 진행되고 있는 구간에 위치하여

원지반이 비교적 균질할 것으로 판단되므로, 시험시공 부지 준비 성토 과정을 생략한다. 대신, 그레이더를 이용해 시험시공 부지 전체 흙을 약 0.15m 깊이까지 긁어 일으킨 후 10ton 진동롤러를 이용해 왕복 3회 다짐(속도 3km/h, 진동수 30Hz, 진폭 0.9mm)한다. 다짐 후 5개소에서 평판재하시험을 수행한 결과 지지력 계수의 평균값은 $141.9MN/m^3$으로 기준값($98.1MN/m^3$)을 만족했다(그림 4.9).

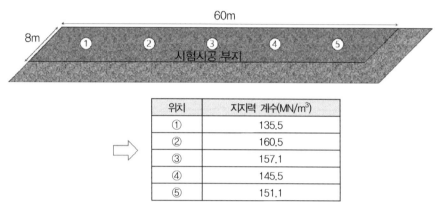

위치	지지력 계수(MN/m^3)
①	135.5
②	160.5
③	157.1
④	145.5
⑤	151.1

그림 4.9 원지반의 지지력 계수 측정 결과

③ 도저와 그레이더를 이용해 시험시공 부지에 성토재료를 약 0.3m 두께로 평평하게 포설한다. 다짐 전 측량 막대자를 이용해 10개소에서 측정한 성토재료의 포설두께는 그림 4.10과 같다(평균 0.298m). 포설두께의 최댓값(0.311m)과 최솟값(0.285m)의 차

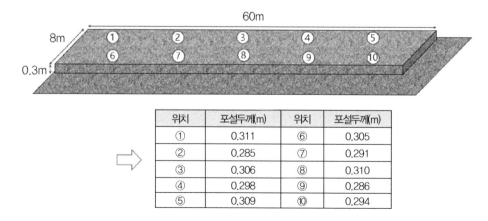

위치	포설두께(m)	위치	포설두께(m)
①	0.311	⑥	0.305
②	0.285	⑦	0.291
③	0.306	⑧	0.310
④	0.298	⑨	0.286
⑤	0.309	⑩	0.294

그림 4.10 성토재료 포설두께 측정 결과

이는 8.4%로 10% 이내이다.

④ 지능형 다짐롤러를 이용해 포설된 성토재료를 다짐하며, CMV를 측정한다. 그림 4.11
과 같이 시험시공 부지는 2m 너비의 스트립(strip) 4개로 분할된다. 각각의 스트립을
따라 전·후진 왕복 1회 씩 균등하게 다짐을 실시하고, 스트립 간 중첩 너비는 0.1m로
적용한다.

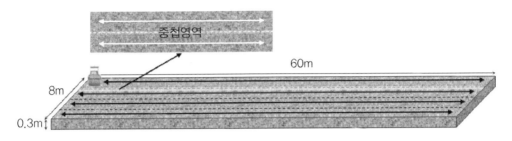

그림 4.11 스트립으로 분할된 성토영역의 다짐 절차

⑤ 시험시공 부지 전체의 왕복 1회 다짐이 완료될 때마다 4개소에서 평판재하시험을 수
행해 지지력 계수를 측정한다. 평판재하시험 위치는 시험시공 부지의 외곽 경계로부
터 1m 이내에 있는 영역 중, 더블점프가 발생되지 않으면서 낮은, 중간, 높은 지능형
다짐값을 나타내는 곳을 각각 1개, 2개, 1개씩 선정한다. 평판재하시험이 수행된 위치
의 좌표는 로버를 사용해서 측정한다.

⑥ 각 다짐횟수별 측정된 지지력 계수의 평균값이 쌓기 표준시방서(KCS 11 20 20,
2023)에서 제시된 기준값을 만족할 때까지 다짐 및 평판재하시험을 반복한다. 그림
4.12는 왕복 다짐횟수와 지지력 계수의 평균값의 관계를 나타낸다. 시멘트 포장 시 노
상을 기준으로 다짐관리 기준 지지력 계수는 147.1MN/m³이다. 기준을 만족하는 다
짐횟수는 왕복 3.7회이며 이를 올림한 '목표 다짐횟수'는 4회이다. 왕복 4회 다짐 후,
다짐 전 성토재료의 두께를 측정했던 10개 위치에서 마무리 두께를 측정한다(그림
4.13).

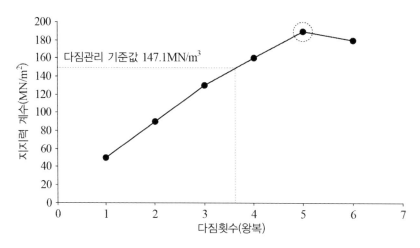

그림 4.12 다짐횟수와 평균 지지력 계수의 관계

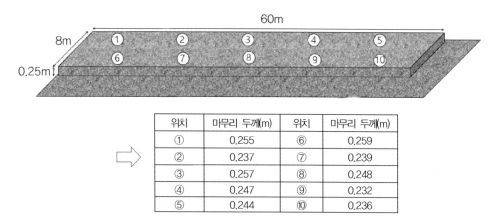

위치	마무리 두께(m)	위치	마무리 두께(m)
①	0.255	⑥	0.259
②	0.237	⑦	0.239
③	0.257	⑧	0.248
④	0.247	⑨	0.232
⑤	0.244	⑩	0.236

그림 4.13 성토재료 마무리 두께 측정 결과

⑦ '목표 다짐횟수'(왕복 4회)를 찾은 뒤, 왕복 2회 다짐을 더 실시한다. 왕복 1회 다짐이 완료될 때마다 4개소에서 평판재하시험을 수행해 지지력 계수를 측정한다. 그림 4.12 에서 확인할 수 있듯이, 왕복 다짐횟수 5회 이후 지지력 감소가 나타났으므로 다짐횟수 상한값을 5회로 결정한다.

4.2.3 시공관리 기준 결정

시험시공 결과를 바탕으로 본 시공 구간에 적용할 시공관리 기준을 결정한다. 결정된 시공관리 기준(표 4.2) 및 시공관리 기준의 결정 과정은 다음과 같다.

표 4.2 시험시공을 통해 결정된 시공관리 기준

다짐횟수(왕복)	다짐횟수 상한(왕복)	포설두께(m)	목표 CMV
4회	5회	0.244	36

(1) '목표 다짐횟수'

그림 4.12는 왕복 다짐횟수와 지지력 계수의 평균값의 관계를 나타낸다. 시멘트 포장 시 노상의 지지력 계수 기준인 $147.1MN/m^3$를 만족하는 다짐횟수는 왕복 3.7회이며 이를 올림한 '목표 다짐횟수'는 4회이다. 또한 왕복 다짐횟수 5회 이후 지지력 감소가 나타났으므로 다짐횟수 상한값을 5회로 결정한다.

(2) 목표 포설두께

표 4.3은 다짐 전후 10개소에서 측정된 성토재료의 두께를 나타낸다. 다음 식에 다짐 전후 측정된 성토재료의 두께를 대입하여, 쌓기 표준시방서(KCS 11 20 20, 2023)에서 제시하는 다짐 후 노상 두께 기준인 0.2m를 만족시킬 수 있는 포설두께를 산정한다.

$$본\ 시공\ 포설두께 = 0.2m \times (시험시공\ 포설두께/시험시공\ 마무리\ 두께)$$

표 4.3 다짐 전후 측정된 성토재료의 두께 및 본 시공 포설두께 산정 결과

구분	①	②	③	④	⑤	⑥	⑦	⑧	⑨	⑩	평균
포설두께(m)	0.311	0.285	0.306	0.298	0.309	0.305	0.291	0.310	0.286	0.294	0.300
마무리 두께(m)	0.255	0.237	0.257	0.247	0.244	0.259	0.239	0.248	0.232	0.236	0.245
본 시공 포설두께(m)	0.244	0.241	0.238	0.241	0.253	0.236	0.244	0.250	0.246	0.249	0.244

목표 포설두께는 10개소에서 산정된 포설두께의 평균값인 0.244m로 결정된다.

(3) 목표 CMV

지지력 계수와 CMV의 선형회귀식을 이용해 목표 CMV를 결정한다. 선형회귀식 도출 시, '목표 다짐횟수'인 4회까지의 결과만 이용한다.

우선, 선형회귀분석을 위한 최적 관심영역(ROI)을 결정하기 위해서, 평판재하시험이 수행된 위치로부터의 선형거리를 관심영역의 크기로 정의한다. 관심영역의 크기를 0.5m부터 5m까지 0.5m 간격으로 증가시켜가며 지지력 계수와 관심영역 내 CMV 평균값의 선형회귀분석을 수행한다. 그림 4.14에서 확인할 수 있듯이, 관심영역의 크기가 3.5m일 때 결정계수가 0.84로 최대이다. 따라서 최적 관심영역의 크기는 3.5m로 결정되고, 지지력 계수가 측정된 위치(즉, 평판재하시험 위치)로부터 3.5m 이내에서 측정된 CMV의 평균값을 선형회귀분석에 사용한다.

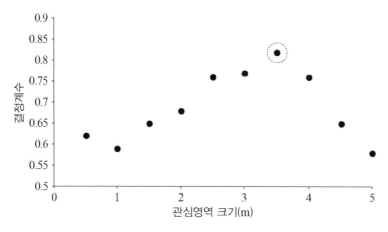

그림 4.14 관심영역의 크기에 따른 선형회귀식의 결정계수 변화

지지력 계수와 최적 관심영역 3.5m 이내 CMV 평균값의 선형회귀분석 결과는 그림 4.15와 같다. 지지력 계수와 CMV의 선형회귀식은 $y = 0.209x + 5.672$이다. R^2 값이 0.706으로, 선형회귀식이 유의미한 관계성을 도출했음을 확인할 수 있다. 시멘트 포장 시 노상의 다짐 관리 기준 지지력 계수는 147.1MN/m^{3}이며, 이를 선형회귀식의 x값으로 대입하면 CMV 36.4가 산정된다. 이 값을 소수점 첫째 자리에서 반올림하면 목표 CMV는 36으로 결정된다.

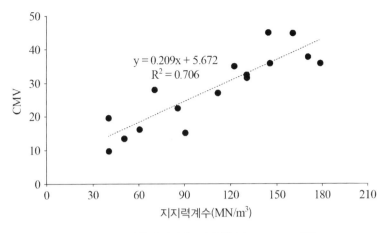

그림 4.15 선형회귀식을 이용한 목표 CMV 결정

4.3 본 시공

4.3.1 사전확인

본 시공을 수행하기에 앞서, 시험시공과 본 시공 간 지능형 다짐에 영향을 주는 요소에 차이가 없음을 확인했다. 본 시공 시 시험시공과 동일한 성토재료, 다짐롤러, 지능형 다짐 시스템을 사용했으며 각각의 점검 과정은 다음과 같다.

(1) 성토재료의 종류 및 함수비

시험시공과 동일한 토취장에서 성토재료를 채취한다. 성토재료 반입 시 육안 및 촉감으로 색상 및 성상의 변화를 확인한다. 또한 시공일 수 5일마다 현장에 반입되는 성토재료의 입도분포곡선을 구하여, 시험시공에 사용된 것과 유사한 재료임을 확인한다(그림 4.16). 따라서 재료의 변화로 인한 추가적인 시험시공은 필요하지 않다.

약 50일 간의 본 시공 기간 동안 기상 변화로 인해 성토재료의 함수비가 정해진 목표 함수비 범위(8.2~12.2%)를 벗어난 경우에는, 살수를 하거나 건조하는 등의 조치를 취해 함수비를 조정한다.

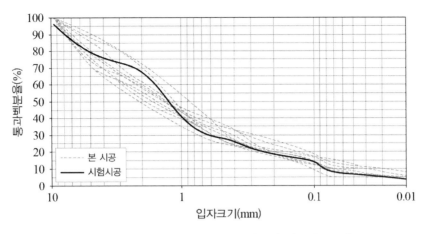

그림 4.16 본 시공에 반입된 성토재료의 입도분포곡선

(2) 지능형 다짐롤러

시험시공과 동일한 지능형 다짐롤러를 사용한다. 시험시공과 동일하게 다짐롤러는 3km/h의 운행속도로 일정하게 작업하며, 작업 중 드럼의 진폭과 진동수는 각각 0.9mm 및 30Hz로 일정하게 유지한다.

(3) 지능형 다짐 시스템의 설정 및 GPS 측위

시공범위를 제외하고는 시험시공과 동일한 설정값을 지능형 다짐 시스템에 입력한다. 시공범위는 일일 작업량을 고려하여 매 시공일마다 약 2,000m² 로 설정한다. 즉, 시공영역을 약 2,000m² 단위로 분할해 다짐품질(CMV의 평균값 등)을 관리한다. 또한 부록 3의 체크리스트를 이용해 GPS를 통해 다짐롤러의 위치 정보를 정해진 정확도 이내로 파악할 수 있는지 확인한다.

사전확인 체크리스트- 2

2020○년 ○월 ○일

공 사 명 : ○○도로 노상현장
회 사 명 : ○○건설
작 성 자 : 홍길동

항목	내용	결과
적용 조건 확인	다짐장비가 지능형 다짐에 적합한 단일드럼 진동롤러인가?	예
	진동 다짐을 반복해 다짐 품질을 향상시킬 수 있는 성토재료인가?	예
시스템 운용 장애에 관한 사전 조사	무선 통신 장애 발생 가능성은 없는가? → 낮은 위치에 고압선 등의 가선(공중에 걸려 있는 송전선이나 통신용 　전화선 등)이 없는지, 기지·공항 등이 근처에 있는지	예
	위치측정 상태에 문제는 없는가? → 정확한 측위를 위해 필요한 위성 포착수(GPS의 경우 5개 이상)는 확보 　할 수 있는 상황인지?	예
정확도 확인	GNSS 측량 기기가 다음의 성능을 만족하고 있음을 확인할 수 있는 기기 제조사 등이 발행한 서류(증명서, 카탈로그, 성능규격 등)가 있는가? 　수평 (xy) ± 20mm,　　　　수직 (z) ± 30mm	예
	기지 좌표(공사 기준점)와 GNSS 계측 좌표가 일치하고 있는지?	예
기능 확인	① 다짐 판정/표시 기능 • 다짐장비가 관리 블록 위를 통과할 때마다 해당 관리 블록이 1회 다져졌 　다고 판정하고, 온보드 디스플레이 시스템에 표시되는지? • 관리 블록별로 누적 다짐횟수가 온보드 디스플레이 시스템에 표시되는지? • 시공과 거의 동시에 다짐횟수 분포도를 화면 표시할 수 있는지?	예
	② 시공 범위 분할 기능 • 시공 범위를 소정 크기(0.5m × 0.5m 이하)의 관리 블록으로 분할할 수 　있는지?	예
	③ 다짐 폭 설정 기능 • 다짐롤러의 폭을 임의로 설정할 수 있는지?	예
	④ 오프셋 기능 • 다짐기계의 위치 좌표 취득 부분과 실제 다짐 위치와의 관계를 오프셋 　할 수 있는지?	예
	⑤ 시스템의 기동 및 데이터 취득 기능 • 데이터의 취득·비취득을 시공 중에 적절히 전환할 수 있는지? • 진동이 있을 때만 위치 좌표를 취득하게 되어 있는지?	예

4.3.2 본 시공 수행

대상 현장부지를 길이와 너비가 각각 100m와 20m인 직사각형(면적 2,000m²)으로 분할하고(그림 4.17), 시험시공을 통해 결정된 시공조건에 따라 지능형 다짐을 수행한다. 즉, 하루에 성토-다짐하는 면적은 한 층(다짐 완료 후 두께 0.2m) 2,000m²로, 전체 부지(총 면적 20,000m² 및 총 두께 1m)를 성토-다짐하는 데 50일의 작업일수가 소요된다.

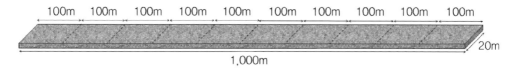

그림 4.17 대상 현장부지의 분할

현장에 반입된 성토재료를 도저와 그레이더를 이용해 약 0.244m 두께로 평평하게 포설한다. 이후 지능형 다짐롤러 운전자는 온보드 디스플레이 시스템에 표시되는 시공 부지 내 모든 메시가 시험시공에서 결정된 '목표 다짐횟수'인 왕복 4회만큼 다져졌음을 나타내는 색상이 될 때까지 다짐을 수행한다. 그림 4.18과 같이 본 시공 부지는 2m 너비의 스트립(strip) 10개로 분할되며, 부지 전체의 다짐횟수가 균등하게 증가하도록 스트립을 따라 왕복 다짐을 수행한다. 다만, 스트립 간 중첩과 현장 상황에 따른 다짐롤러 작업경로의 변화 등을 고려할 때, 일부 구간의 다짐횟수가 1~2회 더 높게 나타나는 경우가 있다. 이러한 경우에도 과다짐에 따른 지지력 감소를 방지하기 위해서, 다짐횟수 상한인 왕복 5회를 넘지 않

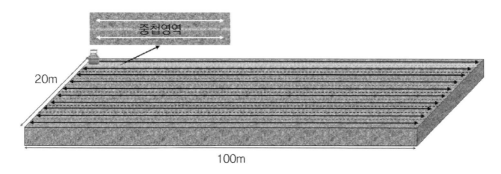

그림 4.18 스트립으로 분할된 본 시공 부지의 다짐 절차

도록 유의해서 작업한다.

품질관리 단위 영역(면적 약 2,000m²)의 다짐횟수가 모두 왕복 4회에 도달한 뒤, 최종 다짐횟수에서 측정된 CMV(즉, 지능형 다짐값)가 아래와 같은 다짐관리 기준을 만족하는지 여부를 확인한다. 이때, 다짐롤러의 운행조건(운행속도, 드럼의 진폭과 진동수)이 설정된 조건을 벗어나는 경우와 드럼-지반 접촉상태가 더블 점프로 판별된 경우에 측정된 CMV 값은 분석에서 제외한다(표 4.4 참고). 측정된 CMV가 아래의 다짐관리 기준을 만족하지 못하는 경우, 목표 CMV보다 낮은 CMV 값이 다수 분포하는 지역에 대해 추가 1회 왕복 다짐을 수행하고 다짐관리 기준을 만족하는지 재확인하는 절차를 반복한다.

① 측정된 CMV의 평균값이 37.8 이상(시험시공에서 결정된 목표 CMV 값(36)의 105% 이상)이어야 한다.
② 측정된 CMV 값이 25.2 미만(시험시공에서 결정된 목표 CMV 값(36)의 70% 미만)인 다짐장비 경로가 전체 경로의 10% 이하여야 한다.

표 4.4 다짐롤러의 운행조건 및 드럼-지반 접촉상태에 따른 CMV 분석 여부 예시(계속)

Data no.	속도(km/h)	진폭(mm)	진동수(Hz)	더블 점프	CMV	분석 여부
51	2.9	0.9	30.0	×	35.6	○
52	3.0	0.9	30.1	×	38.6	○
53	3.1	0.9	30.5	×	38.5	○
54	3.0	0.9	30.4	×	38.6	○
55	3.0	0.9	30.0	×	37.8	○
56	3.1	0.9	29.7	×	37.6	○
57	3.2	0.9	29.8	×	41.1	○
58	3.1	0.9	30.7	×	42.5	○
59	3.0	0.9	30.0	○	11.5	×
60	2.9	0.9	30.0	○	8.8	×
61	2.7	0.9	30.1	×	42.5	○
62	3.0	0.9	30.5	○	18.7	×
63	2.8	0.9	30.4	○	6.5	×

표 4.4 다짐롤러의 운행조건 및 드럼-지반 접촉상태에 따른 CMV 분석 여부 예시

Data no.	속도(km/h)	진폭(mm)	진동수(Hz)	더블 점프	CMV	분석 여부
64	2.9	0.9	30.0	○	9.7	×
65	3.0	0.9	29.7	×	42.2	○
66	3.0	0.9	29.8	×	38.6	○
67	3.0	0.9	30.7	×	37.8	○
68	3.1	0.9	30.0	×	37.6	○
69	3.0	0.9	30.0	×	41.1	○
70	3.0	0.9	30.1	×	42.5	○
71	2.9	0.9	30.5	×	38.4	○
72	2.8	0.9	30.4	×	29.8	○
73	2.9	0.9	30.0	×	29.6	○
74	2.9	0.9	29.7	×	28.7	○
75	2.6	0.9	29.8	×	26.8	○
76	2.0	0.9	29.1	×	25.5	×
77	1.5	0.9	29.5	×	19.8	×
78	0.8	0.9	30.5	×	16.7	×
79	0.6	0.9	30.1	×	11.1	×
80	0.1	0.9	30.1	×	11.5	×

4.3.3 다짐도 검사

앞서 언급한 바와 같이, 일일 작업량을 고려하여 시공영역을 2,000m² 단위(길이와 너비가 각각 100m와 20m인 직사각형)로 분할해 다짐품질을 관리한다. 그림 4.19는 본 시공 구간(층번호: 1, 영역번호: 1)의 최종 다짐횟수(왕복 4회)에서 측정된 CMV 분포의 일부를 나타낸다. 지반의 내재적 불균질성 및 다짐장비 운용조건의 국부적 변화 등으로 인해 CMV 값은 위치에 따라 상당한 변동성(최댓값 56.1, 최솟값 11.9, 변동계수 25.6)을 보인다. 그러나 다짐도 검사의 기준이 되는 CMV의 평균값과 목표 CMV의 10% 미달 비율은 각각 38.1과 8.1%로 나타나, 기준값인 37.8 이상 및 10% 이하를 만족한다. 이 경우, 추가적인 다짐을 수행하지 않으며 다짐도 기준을 만족하는 것으로 판단한다.

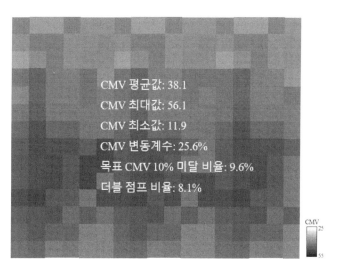

CMV 평균값: 38.1

CMV 최대값: 56.1

CMV 최소값: 11.9

CMV 변동계수: 25.6%

목표 CMV 10% 미달 비율: 9.6%

더블 점프 비율: 8.1%

CMV
25
55

그림 4.19 본 시공 구간(층번호: 1, 영역번호: 1)에서 측정된 CMV 분포 예시

표 4.5는 매 작업일수마다 수행된 CMV 기반의 다짐도 검사 결과이다. 본 시공 시 성토재료를 약 0.2m씩 5층에 걸쳐 성토-다짐하여 최종적으로 1.0m 두께의 노상을 건설했으므로, 층번호는 1~5의 값을 가진다. 또한 각 층은 길이와 너비가 각각 100m와 20m인 직사각형(면적 2,000m²) 10개로 분할되었으므로, 영역번호는 1~10의 값을 가진다. 표 4.5의 "추가다짐 여부"에서 확인할 수 있듯이, 상당히 많은 구간에서 '목표 다짐횟수'인 왕복 4회 다짐에서 측정된 CMV 값이 기준에 미달한다. 그러나 지능형 다짐 시공 지침에 따라 CMV가 낮은 영역(즉, 취약한 영역)에 추가적인 다짐을 수행한 결과, 최종 다짐횟수에서 측정된 CMV는 모두 품질 기준을 만족한다.

이상의 과정을 통해 지능형 다짐을 기반으로 시멘트 포장이 예정된 도로 노상 공사를 수행한다. 지능형 다짐을 적용하는 경우 시공과 품질검사 공정이 통합되며 별도의 현장 품질시험(평판재하시험 등)을 생략할 수 있어 생산성을 크게 향상시킬 수 있다. 또한 시공영역 전체에서 측정된 지능형 다짐값을 기반으로 다짐도를 검사하므로, 일점시험(spot test) 결과가 전체 현장의 다짐도를 대표하는 기존 방법에 비해 시공품질의 향상이 기대된다.

지능형 다짐 시스템은 다짐도 검사에 이용되는 지능형 다짐값의 평균 및 '목표 지능형 다짐값'의 미달 비율 외에도 전체 현장의 다짐품질과 관련된 많은 정보(위치별 다짐횟수 및

표 4.5 본 시공 구간의 다짐도 검사 결과(계속)

날짜	층번호	영역 번호	CMV 평균값	목표 CMV 70% 미만 비율(%)	추가 다짐 여부	품질만족 여부
20○○.○.○.	1	1	38.1	9.6	×	○
20○○.○.○.	1	2	39.0	9.8	×	○
20○○.○.○.	1	3	40.1	5.6	×	○
20○○.○.○.	1	4	37.9	8.8	○	○
20○○.○.○.	1	5	40.1	6.5	×	○
20○○.○.○.	1	6	40.5	6.1	×	○
20○○.○.○.	1	7	38.8	8.8	×	○
20○○.○.○.	1	8	38.9	8.4	○	○
20○○.○.○.	1	9	41.2	8.1	×	○
20○○.○.○.	1	10	40.8	7.5	×	○
20○○.○.○.	2	1	41.2	6.5	×	○
20○○.○.○.	2	2	41.5	6.1	×	○
20○○.○.○.	2	3	42.2	6.2	×	○
20○○.○.○.	2	4	38.8	5.5	○	○
20○○.○.○.	2	5	38.9	5.1	○	○
20○○.○.○.	2	6	37.8	9.8	○	○
20○○.○.○.	2	7	38.8	8.8	×	○
20○○.○.○.	2	8	40.1	6.8	×	○
20○○.○.○.	2	9	38.9	8.7	×	○
20○○.○.○.	2	10	37.8	8.2	○	○
20○○.○.○.	3	1	38.8	7.8	×	○
20○○.○.○.	3	2	40.1	7.1	×	○
20○○.○.○.	3	3	40.5	6.5	×	○
20○○.○.○.	3	4	38.8	6.1	○	○
20○○.○.○.	3	5	38.9	8.8	○	○
20○○.○.○.	3	6	37.8	9.9	×	○
20○○.○.○.	3	7	38.9	9.8	×	○
20○○.○.○.	3	8	41.2	9.1	×	○
20○○.○.○.	3	9	40.8	8.1	×	○

표 4.5 본 시공 구간의 다짐도 검사 결과

날짜	층번호	영역 번호	CMV 평균값	목표 CMV 70% 미만 비율(%)	추가 다짐 여부	품질만족 여부
20○○.○.○.	3	10	41.2	8.8	×	○
20○○.○.○.	4	1	38.8	7.2	○	○
20○○.○.○.	4	2	40.1	7.6	×	○
20○○.○.○.	4	3	38.9	7.7	○	○
20○○.○.○.	4	4	37.8	6.8	○	○
20○○.○.○.	4	5	38.8	7.8	○	○
20○○.○.○.	4	6	40.1	5.6	×	○
20○○.○.○.	4	7	40.5	7.8	×	○
20○○.○.○.	4	8	38.8	6.9	○	○
20○○.○.○.	4	9	38.9	8.7	○	○
20○○.○.○.	4	10	37.8	9.8	○	○
20○○.○.○.	5	1	38.9	9.8	○	○
20○○.○.○.	5	2	41.2	5.5	×	○
20○○.○.○.	5	3	40.8	4.8	×	○
20○○.○.○.	5	4	41.2	5.8	×	○
20○○.○.○.	5	5	40.5	5.9	×	○
20○○.○.○.	5	6	41.2	8.6	×	○
20○○.○.○.	5	7	38.9	9.9	○	○
20○○.○.○.	5	8	39.1	9.4	○	○
20○○.○.○.	5	9	39.5	8.7	○	○
20○○.○.○.	5	10	39.1	8.6	○	○

CMV 분포, 다짐롤러 운용조건 등)를 제공한다. 지능형 다짐 시스템을 통해 시공자, 설계자, 감리자, 발주자는 전체 현장의 다짐 정보를 디지털 데이터(전자매체) 형태로 제공받을 수 있다. 이러한 지능형 다짐 정보는 시공 시 다짐품질 관리에 활용될 수 있을 뿐 아니라, 공사 진행사항(기성)의 기록·확인을 위한 수단 및 향후 성토체의 유지관리를 위한 기초자료 등으로도 활용될 수 있다.

부 록

[부록 1] 다짐롤러 드럼의 작동 상태

drum motion	Interaction drum – soil	operating condition	soil contact force	application of ccc	soil stiffness	roller speed	drum ampli-tude
periodic	continuous contact	CONT. CONTACT		yes	low	fest	small
	periodic loss of contact	PARTIAL UPLIFT		yes			
		DOUBLE JUMP		yes			
		ROCKING MOTION		no			
chaotic	non – periodic loss of contact	CHAOTIC MOTION		no	high	slow	large

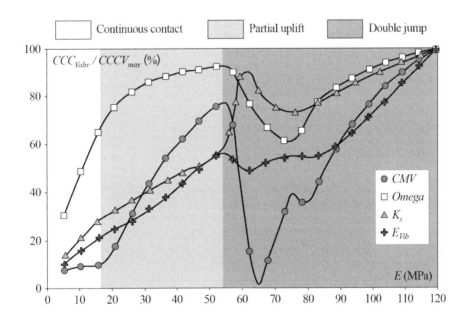

• 위 그림은 지반의 강성, 다짐롤러의 속도, 드럼의 진폭에 따른 드럼의 5가지 작동 조건 과 이에 따른 지능형 다짐값의 변화를 보여준다. 드럼의 작동 조건은 동적 측정값을 통

해 결정되는 지능형 다짐값에 매우 큰 영향을 주므로, 지능형 다짐 시공 시 이를 반드시 고려해야 한다. 드럼의 작동 조건은 드럼의 접촉 상실 가능성과 드럼 동작의 지속 시간에 의해 특성이 달라진다.

- 드럼의 작동 조건 중 "연속 접촉(continuous contact)"은 드물며 매우 낮은 토양 강성의 경우에만 발생한다. 따라서 동적 측정값도 낮게 나타난다. 일반적으로 다짐롤러는 드럼이 "부분 상승(partial uplift)" 작동 조건으로 설계되고 제작된다. 부분 상승 조건에서 동적 측정값은 지반 강성이 증가함에 따라 상승한다.

- 드럼의 작동 조건 중 "더블 점프(double jump)"는 강성이 큰 지반에서 발생하며 동적 측정값에 상당한 영향을 미친다. 작동 조건이 부분 상승(partial uplift)에서 더블 점프 (double jump)로 전환되면 일반적으로 지능형 다짐값이 감소하고 더 낮은 레벨로 변화하는 특징이 있다. 그러나 강성이 증가하면 동적 측정값이 이 작동 조건에서 다시 증가한다. 따라서 더블 점프 작동 중에 연속다짐평가 방법을 사용하는 것은 가능하며 합리적이다. 그러나 더블 점프 작동 중 측정된 값은 측정 시스템(Resonant Meter Value (RMV) 등)에 의해 자동으로 식별되고 기록되어야 한다.

- 드럼의 작동 조건 중 "rocking motion"과 "chaotic motion"은 드럼이 지면에서 지속적으로 튕겨지는 현상이 나타나는 단계로, 낮은 이동 속도, 높은 드럼 진폭, 매우 높은 지반 강성 등의 요인이 복합적으로 작용할 때 발생한다. 이 경우에는 합리적인 측정값이나 동적 측정값을 얻을 수 없기 때문에 이 작동 조건의 지능형 다짐값들은 자동으로 제외되어야 한다. 이상 두 가지 유형의 작동 조건에서는 다짐롤러가 더 이상 제어되지 않기 때문에 해당 롤러를 이용하여 시공을 금지한다.

[부록 2] 지능형 다짐 적용 가능 여부 확인을 위한 체크리스트

사전확인 체크리스트- 1

년   월   일

공 사 명 : _____
회 사 명 : _____
작 성 자 : _____

항목	내용	결과
적용 조건 확인	토공사의 총 시공면적이 2,000m² 이상, 폭이 8m 이상인가?	예/아니요
	토공사의 총 성토고가 1m 이상인가?	예/아니요
	진동롤러의 구동을 저해할 만큼의 경사면은 없는가?	예/아니요
	지능형 다짐을 위한 성토재료의 요건을 만족하는가?	예/아니요
	다짐 시 중량이 약 10ton인 단일 드럼 진동롤러를 사용하는가?	예/아니요
	표준적인 지능형 다짐 시스템(Ammann의 ACE-Plus, Bomag의 BCM05, Caterpillar와 Trimble의 AccuGrade, Leica의 iCON, Dynapac의 DCA, Sakai의 Aithon MT 등)을 이용하는가?	예/아니요
장비 적절성 확인	지능형 다짐 장치의 3가지 구성요소(GNSS, 지능형 다짐값 측정 장치, 온보드 디스플레이 시스템)를 모두 구비하고 있는가?	예/아니요
	지능형 다짐 장치와 온보드 디스플레이 시스템이 연계되는가?	예/아니요
	지능형 다짐 장치와 시스템의 성능이 최소 기준을 만족하는가?	예/아니요
	지능형 다짐 장치는 적절한 위치에 견고하게 부착되어 있는가?	예/아니요
장비 작동 확인	지능형 다짐 장치의 구성요소가 서로 연결되어 구동되며 온보드 문서 시스템과 연계되는가?	예/아니요
	온보드 디스플레이 시스템의 설정이 현장 조건(시공면적, 진동롤러의 크기, 지능형 다짐장치의 부착 위치 등)에 잘 맞춰져 있는가?	예/아니요
	지능형 다짐 장치를 통해 획득되는 데이터가 온보드 디스플레이 시스템에 올바르게 기록되는가?	예/아니요
	온보드 디스플레이 시스템을 통한 데이터의 저장, 전송 등이 원활한가?	예/아니요

[부록 3] 고정밀 GNSS 적용 가능 여부 확인을 위한 체크리스트

사전확인 체크리스트- 2

년 월 일

공 사 명 : ＿＿＿＿
회 사 명 : ＿＿＿＿
작 성 자 : ＿＿＿＿

항목	내용	결과
적용 조건 확인	다짐장비가 지능형 다짐에 적합한 단일드럼 진동롤러인가?	예/아니요
	진동 다짐을 반복해 다짐 품질을 향상시킬 수 있는 성토재료인가?	예/아니요
시스템 운용 장애에 관한 사전 조사	무선 통신 장애 발생 가능성은 없는가? → 낮은 위치에 고압선 등의 가선(공중에 걸려 있는 송전선이나 통신용 전화선 등)이 없는지, 기지·공항 등이 근처에 있는지	예/아니요
	위치측정 상태에 문제는 없는가? → 정확한 측위를 위해 필요한 위성 포착수(GPS의 경우 5개 이상)는 확보할 수 있는 상황인지?	예/아니요
정확도 확인	GNSS 측량 기기가 다음의 성능을 만족하고 있음을 확인할 수 있는 기기 제조사 등이 발행한 서류(증명서, 카탈로그, 성능규격 등)가 있는가? 수평 (xy) ± 20mm,　　　수직 (z) ± 30mm	예/아니요
	기지 좌표(공사 기준점)와 GNSS 계측 좌표가 일치하고 있는지?	예/아니요
기능 확인	① 다짐 판정/표시 기능 • 다짐장비가 관리 블록 위를 통과할 때마다 해당 관리 블록이 1회 다져졌다고 판정하고, 온보드 디스플레이 시스템에 표시되는지? • 관리 블록별로 누적 다짐횟수가 온보드 디스플레이 시스템에 표시되는지? • 시공과 거의 동시에 다짐횟수 분포도를 화면 표시할 수 있는지?	예/아니요
	② 시공 범위 분할 기능 • 시공 범위를 소정 크기(0.5m × 0.5m 이하)의 관리 블록으로 분할할 수 있는지?	예/아니요
	③ 다짐 폭 설정 기능 • 다짐롤러의 폭을 임의로 설정할 수 있는지?	예/아니요
	④ 오프셋 기능 • 다짐기계의 위치 좌표 취득 부분과 실제 다짐 위치와의 관계를 오프셋 할 수 있는지?	예/아니요
	⑤ 시스템의 기동 및 데이터 취득 기능 • 데이터의 취득·비취득을 시공 중에 적절히 전환할 수 있는지? • 진동이 있을 때만 위치 좌표를 취득하게 되어 있는지?	예/아니요

참고문헌

건설기술심의회(2020), 도로의 평판 재하 시험 방법(KS F 2310).

건설기술심의회(2022), 흙의 다짐 시험방법(KS F 2312).

국토교통부 (2021), 지능형 다짐공(KCS 10 70 20 : 2021).

국토교통부 (2023), 쌓기(KCS 11 20 20 : 2023).

백성하, 김진영, 조진우, 김남규, 정영훈, 최창호 (2020), "지능형 다짐 기술을 통한 토공
사 품질관리를 위한 기초 연구", 한국지반공학회논문집, 36(12), pp.45-46.

산업표준심의회 (2020), 노상 지지력비(CBR) 시험방법(KS F 2203 : 2020).

산업표준심의회 (2022), 흙의 공학적 분류 방법(KS F 2309 : 2022).

산업표준심의회 (2022), 흙의 액성 한계·소성 한계 시험방법(KS F 2303 : 2022).

산업표준심의회 (2022), 흙의 입도 시험방법(KS F 2302 : 2022).

조성민, 정경자 (2000), "반발력을 이용한 새로운 다짐도 검사기법 개발", 2000년도 소
과제 연구보고서, 한국도로공사 도로연구소.

한국건설기술연구원(2009), 텔레매틱스를 활용한 지능형 성토다짐관리시스템 개발, 건
설기술혁신사업 최종보고서, 국토해양부, 한국건설교통기술평가원, p.419.

한국건설기술연구원 (2023), 디지털 기반 도로건설장비 자동화 기술 개발, 스마트건설
기술개발사업 단계보고서, 국토해양부, 한국건설교통기술평가원, p.305.

Adam, D. (1997), "Continuous Compaction Control (CCC) with Vibratory Rollers",
Proceedings of GeoEnvironment 97, Melbourne, Australia, Balkema, Rotterdam,
pp.245-250.

Anderegg, R., Felten, D., and Kaufmann, K. (2006), "Compaction Monitoring Using

Intelligent Soil Compactors", Proceedings of GeoCongress 2006: Geotechnical Engineering in the Information Technology Age, Atlanta, CDROM.

Baek, S.H., Cho, J.W., and Kim, J.Y. (2024), "Field study on intelligent compaction quality control of subgrade base", Canadian Geotechnical Journal (under review).

Baek, S.H., Kim, J.Y., Kim, J., and Cho, J.W. (2024), "Framework for Roller-integrated Continuous Compaction Control of Subgrade Bases alongside Dynamic Cone Penetrometer (DCP) and Light Weight Deflectometer (LWD)", Automation in Construction (under review).

Brandl, H., and Adam, D. (1997), "Sophisticated continuous compaction control of soils and granular materials", International Conference on Soil Mechanics and Foundation Engineering, pp.31-36.

Cao, L., Zhou, J., Li, T., Chen, F., and Dong Z. (2021), "Influence of roller-related factors on compaction meter value and its prediction utilizing artificial neural network", Construction and Building Materials, Vol. 268.

Das, B.M. (2021), Principles of geotechnical engineering, Cengage learning.

FHWA. Intelligent compaction technology for soils applications (2014), https://www.fhwa.dot.gov/construction/ictssc/ic_specs_soils.pdf. (Accessed January 2, 2024), Federal Highway Administration.

Floss, R., Gruber, N., and Obermayer, J. (1983), "A dynamic test method for continuous compaction control", Improvement of Ground, Proceedings of the 8th European Conference on Soil Mechanics and Foundation Engineering 1983, Helsinki, Vol. 1.

Forssblad, L. (1980), "Compaction meter on vibrating rollers for improved compaction control", Proceedings of the International Conference on Compaction, Vol. 2, pp.541-546.

Hansbo, S., and Pramborg, B. (1980), "Compaction control", Proceedings of the

International Conference on Compaction, Vol. 2.

ISSMGE (2005), "Roller-Integrated Continuous Compaction Control (CCC): Technical Contractual Provisions, Recommendations", TC3: Geotechnics for Pavements in Transportation Infrastructure. International Society for Soil Mechanics and Geotechnical Engineering.

Kim, J., Lee, S.Y., and Cho, J.W. (2023), "A study on the analysis of the ground compaction effect according to the roller operation method through CMV analysis using IC rollers". Advances in Civil Engineering, pp.1-10.

Krober, W., Floss, E.R., and Wallrath, W. (2001), "Dynamic soil stiffness as quality criterion for soil compaction, in Geotechnics for Roads", Rail Tracks and Earth Structures, pp.189-199.

Latimer, R., Airey, D., and Tatsuoka, F. (2023), "Expected stiffness changes during compaction in laboratory and field", Transport Geotechnics, Vol. 43.

Massarsch, K.R. (1991), Deep soil compaction using vibratory probes. ASTM International, pp.297-319. ASTM International.

Meehan, C.L., Cacciola, D.V., Tehrani, F.S., and Baker, W.J. III. (2017), "Assessing soil compaction using continuous compaction control and location-specific in situ tests", Automation in Construction, Vol. 73, pp.31-44.

Mitchell, J.K., and Soga, K. (2005), Fundamentals of soil behavior, New York: John Wiley & Sons, Vol. 3, p. USA. New York: John Wiley & Sons.

MLIT (2020), Management Guidelines for Embankment Compaction using TS/GNSS.

Mooney, M.A. (2010), Intelligent Soil Compaction Systems, Transportation Research Board, Vol. 676.

Petersen, L., and Peterson, R. (2006), Intelligent compaction and in-situ testing at Mn/DOT TH53, Final Report MN/RC-2006-13, Minnesota DOT, St. Paul, Minn, USA.

ROAD 94 (1994), General Technical Construction Specification for Roads –

Unbound Pavement Layers, Road and Traffic Division, Sweden.

RVS 8S.02.6. (1999), Continuous Compactor Integrated Compaction – Proof (Proof of Compaction), Technical Contract Stipulations RVS 8S.02.6 – Earthworks, Federal Ministry for Economic Affairs, Vienna.

Sandström, A.J., and Pettersson, C.B. (2004), "Intelligent systems for QA/QC in soil compaction", in: Proceedings of the 83rd Annual Transportation Research Board Meeting (November 14, 2003).

Siekmeier, J., Pinta, C., Merth, S., Jensen, J., Davich, P., Camargo, F., and Beyer, M. (2009), Using the dynamic cone penetrometer and light weight deflectometer for construction quality assurance (No. MN/RC 2009-12), Minnesota. Dept. of Transportation. Office of Materials and Road Research.

Tan, D., Hill, K., and Khazanovich, L. (2014), Quantifying moisture effects in DCP and LWD tests using unsaturated mechanics (No. MN/RC 2014-13), Minnesota. Dept. of Transportation. Office of Materials and Road Research.

Tatsuoka, F., Hashimoto, T., and Tateyama, K. (2021), "Soil stiffness as a function of dry density and the degree of saturation for compaction control", Soils and Foundation, Vol. 61, pp.989-1002.

Thompson, M., and White, D. (2008), "Estimating compaction of cohesive soils from machine drive power", Journal of Geotechnical and Geoenvironmental Engineering, Vol. 134, pp.1771-1777.

Thurner, H., and Sandstrom, A. (1980), "A New Device for Instant Compaction Control", Proceedings of International Conference on Compaction, Vol. 2, Assoc. Amicale de Ingenieus, Paris, pp.611-614.

Vennapusa, P., White, D., and Gieselman, H. (2009), "Influence of support conditions on roller-integrated machine drive power measurements for granular base", Contemporary Topics in Ground Modification, Problem Soils, and

Geo-Support, pp.425-432.

White, D., and Thompson, M. (2008), "Relationships between in situ and roller-integrated compaction measurements for granular soils", Journal of Geotechnical and Geoenvironmental Engineering, Vol. 134, pp.1763-1770.

White, D., Morris, M., and Thompson, M. (2006), "Power-based compaction monitoring using vibratory padfoot", in: GeoCongress 2006: Geotechnical Engineering in the Information Technology Age 2006.

White, D., Thompson, M., and Vennapusa, P. (2007), "Field Study of Compaction Monitoring Systems: Self-Propelled Non-Vibratory 825G and Vibratory Smooth Drum CS-533E Rollers."

White, D., Thompson, M., Jaselskis, E., Schaefer, V., and Cackler, E. (2004), Field evaluation of compaction monitoring technology: phase I, Final Report, Iowa DOT Project TR-495, Iowa State University, Ames, Iowa, USA.

White, D., Vennapusa, P., and Gieselman, H. (2010), Accelerated implementation of intelligent compaction monitoring technology for embankment subgrade soils, aggregate base, and asphalt pavement materials TPF-5(128)—New York IC demonstration field project, Report ER10-01, The Transtec Group, FHWA.

White, D., Vennapusa, P., Gieselman, H., Fleming, B., Quist, S., and Johanson, L. (2010), Accelerated implementation of intelligent compaction monitoring technology for embankment subgrade soils, aggregate base, and asphalt pavement materials TPF-5(128)—Mississippi IC demonstration field project, Report ER10-03, The Transtec Group, FHWA.

White, D., Vennapusa, P., Zhang, J., Gieselman, H., and Morris, M. (2009), Implementation of intelligent compaction performance based specifications in Minnesota, Report ER09-03, MN/RC 2009-14, Minnesota Department of Transportation, St. Paul, Minn, USA.

본 가이드라인은 국토교통부/국토교통과학기술진흥원의 지원으로 수행되었음.

(과제번호: RS-2020-KA157130)

스 마 트 건 설 기 술

지능형 다짐 기반
토공사 품질관리 가이드라인

초 판 인 쇄 2024년 12월 6일
초 판 발 행 2024년 12월 16일

저   자 (사)한국지반신소재학회
펴 낸 이 (사)한국지반신소재학회 회장 유승경
펴 낸 곳 도서출판 씨아이알

책 임 편 집 신은미
디 자 인 문정민, 엄해정
제 작 책 임 김문갑

등 록 번 호 제2-3285호
등   록 일 2001년 3월 19일
주   소 (04626) 서울특별시 중구 필동로8길 43(예장동 1-151)
전 화 번 호 02-2275-8603(대표)
팩 스 번 호 02-2265-9394
홈 페 이 지 www.circom.co.kr

I S B N 979-11-6856-276-9 93530
정   가 20,000원